L'Afrique au procès de la technoscience

Écrire l'Afrique
Collection dirigée par Denis Pryen

Romans, récits, témoignages littéraires et sociologiques, cette collection reflète les multiples aspects du quotidien des Africains.

Dernières parutions

Aimé NOUTCHÉ, *La route de l'exil, La veste du demandeur d'asile*, 2016.
Prosper GUBARIKA WA MUDI-WAMBA VANELLA, *Péril en la demeure*, 2016.
Michel Dieudonné VOHITO, *Polokamba. Hippopotame et esprit sur l'Oubangui*, 2016.
Alfred Diban KI, *L'œil ouvert. Nouvelles*, 2016.
Aichetou CAMARA, *Au-delà des frontières*, 2016.
Adrien POUSSOU, *Black bizarre*, 2016.
Jeanne de Chantal WODOBODÉ, *Où est le pont ? 50 ans après l'indépendance*, 2016.
Alphonse ONGAGOU-DATCHOU, *L'oraison silencieuse*, 2016.
Stéphane SCRIVE, *Quand le Niger marchait au pas…*, 2016.
Judicaël-Ulrich BOUKANGA SERPENDE, *Dunia*, 2016.
Marilaure GARCIA-MAHE, *Dignes, libres et puissantes*, 2016.
Jean-Yves EPAILLY, *Bangui, Fauves, amour et chirurgie*, 2016.
Kouadio Koffi Richard KARA, *Koléma, Itinéraire d'une femme de l'Afrique à L'Europe*, 2016
Adama FANKÉLÉ TRAORÉ, *Kady, une indigente chaste*, 2016
Lucien BALOSSA, *À Magniongui, un enfant est né,* 2016.
Michèle MALDONADO, *La bonne parole, Une coopérante en Afrique anglophone,* 2016.
Abderahim AHMAT, *Un parcours difficile,* 2016.
Joachim OLINGA, *Les métis de ma mondialisation,* 2016.
Henri MOUTOUBE, *Les Scieurs de Branches, Un manager dans l'engrenage infernal du monde professionnel,* 2016.
Emmanuel GOUJON, Clotilde RAVEL, Héloïse VOISIN (dir.), *Eclats d'Afriques, Nouvelles,* 2016.

Baudouin MWAMBA MPUTU

L'Afrique au procès de la technoscience

Histoire et prospective

L'Harmattan

Du même auteur

Hommage à Ki-Zerbo, sous la direction de Kambayi Bwatshia, Kinshasa, Eugemonia, 2007.

Histoire des rivalités franco-belges au Congo, de Léopold II à Mobutu, Paris, Éditions Bayanda, 2008.

Le Congo-Kasaï (1865-1950). De l'exploration allemande à la consécration de Luluabourg, Paris, L'Harmattan, 2011.

Pages d'Histoire des relations et institutions internationales, notes de cours, Kinshasa, Éditions de l'Odyssée, Paris, 2013

L'Afrique face au défi de la technoscience. Histoire et Enjeux, Paris, L'Harmattan, 2013.

5-7, rue de l'Ecole-Polytechnique, 75005 Paris

http://www.harmattan.fr
diffusion.harmattan@wanadoo.fr

ISBN : 978-2-343-10221-4
EAN : 9782343102214

À la mémoire de Meta-mwa-Mwamba qui vient de regagner l'Au-delà, terre des ancêtres, et à toi Blanche Kanku Mudinyika, à qui j'adresse ces mots à titre posthume : « L'immortalité de l'âme vaut mieux que celle du corps, sur la tienne se dresse une riche postérité : Cristina, Nathan, Eléonore, et à venir… ! ».

« On peut trouver passionnant de vivre dangereusement. Mais il importe de faire une distinction entre vivre face au danger et vivre dangereusement. Un homme qui ose vivre seul dans une forêt infestée de bêtes sauvages et de cannibales, sans fusil pour se défendre et avec Dieu pour toute aide, cet homme-là vit face au danger. Mais s'il existait un homme habitué à vivre entre ciel et terre et que soudain il se mit à plonger vers le sol dur, accompagné de l'admiration béate de tous, celui-là vivrait dangereusement. Le premier mène une vie qui a un sens, tandis que le second, elle en est tout à fait dénuée. »

(Le Mahatma Gandhi)

AVANT-PROPOS

La présente étude complète mon dernier ouvrage intitulé *L'Afrique face au défi de la technoscience. Histoire et Enjeux*, paru aux éditions L'Harmattan en 2013. Dans ce livre précité, je me suis employé à montrer comment la technoscience règne, au sein de la société comme une divinité digne d'un véritable culte, après avoir endossé elle-même le projet d'ériger une civilisation technicienne imprégnée d'un extraordinaire spectacle dont la Technique constitue la pierre angulaire.

L'homme technicien qui a passé tout son temps à transformer le monde dans le but de maîtriser la Nature, ne s'est pas préoccupé de la façon dont il devra le préserver, l'entretenir, le pérenniser. Quand l'humanité s'est rendu compte de l'imminence du danger après une prise de conscience réfléchie, la société contemporaine s'exerce à renier ses propres espérances d'émancipation. L'utilité du progrès s'estompe d'emblée lorsqu'on sentit qu'à cause de l'activité technicienne disproportionnée, l'imminence de l'apocalypse se profilait à l'horizon. C'est cette conscience naissante qui a, à juste titre, commencé à interpeller la technoscience et ses exploitants.

« Vanité des vanités, tout est vanité », souligne une écriture biblique, l'humain se frotte les mains pour congratuler son acquisition, mais l'histoire l'interpelle en retraçant la rétrospective de la chute de nombreuses civilisations aujourd'hui disparues. La science qui concilie des points de vue divergents depuis les temps immémoriaux fait ressortir de ce fait un point commun entre l'apocalypse religieuse et le catastrophisme historique : ce sont-là les catégories d'appréciations face aux responsabilités de la société technicienne, appelée technocosme à tort ou à raison. Car ce que Hottois appelle « technocosme », je l'ai nommé « technosphère » dans mes travaux antérieurs : un milieu technicien devenu planétaire, universel, dont l'unité de base se réduit au réseau domestique, certes, mais se projette tous azimuts. Ces évolutions sans cesse croissantes finissent par bloquer le progrès. Or, le blocage du progrès entraîne la chute du capitalisme qui demeure une alternance indispensable à la sauvegarde de l'environnement dont le dérèglement se trouve en état d'alerte maximal. Il s'agit donc d'un travail multimodal qui met en exergue les déclics des techniques modernes sur toutes les facettes scientifiques : anthropologie, biologie moléculaire et sciences du vivant ; électronique et sciences appliquées ; astronomie, géographie et sciences de l'environnement ; cybernétique et sciences numériques ; neurosciences et psychologie ; droit économique et sciences de gestion ; etc. Cette interdisciplinarité offre de puissants ingrédients à ce travail, sélectionnés, et puis mixés au parfum de la philosophie et des sciences du patrimoine (Histoire et Prospective).

La sociologie de la connaissance n'étant pas en reste, elle accompagne Histoire et Prospective en tant que disciplines scientifiques qui se conjuguent l'une en amont et l'autre en aval du savoir scientifique dans un scénario d'événements à caractère répétitif. Ce constat manifeste et indubitable amène à supposer qu'autant l'apocalypse religieuse conduit au Jugement dernier (la séparation entre les parfaits et les scélérats, les élus et les damnés) - autant dans le prochain catastrophisme contemporain la modernité se présentera en procès avec son cortège d'innovations techniciennes. L'évidence est telle que dans le monde d'aujourd'hui, la technoscience est tenue responsable de ce qui indispose comme désagrément dans la civilisation devenue foncièrement technicienne par le simple fait d'avoir été successivement l'héritage des révolutions prométhéenne, cartésienne et newtonienne, raisons d'une folle tentation ayant poussé les Occidentaux de transformer davantage la Nature de fond en comble. Devant cet état d'alerte s'est installée une cour d'ordre écologique que préside une science « verte » suivant la logique des droits de l'homme et de l'environnement sous l'égide des institutions internationales. Ce travail est en soi une interpellation faite par un scientifique africain sur l'épouvantable dynamique de l'univers technicien. Dans ce procès, on retient au chef d'accusation une civilisation extravagante, des projets démesurés susceptibles non seulement de porter atteinte à l'intégralité de l'humain, mais aussi de détruire dramatiquement la planète tout entière.

Au sujet de ce procès tentaculaire, l'Afrique qui se porte partie civile réclame non seulement la régulation du système technicien, mais aussi la reconnaissance de ses valeurs qu'elle juge indispensables à la sauvegarde de l'humanité. Car, la question n'est donc plus de transformer la Nature, mais de la conserver. Au-delà d'une vision écologiste ou juridiste, fondée sur le principe de précaution, une idée requiert l'application de l'éthique africaine faisant appel à une triade traditionnelle millénaire - oraison, ordalie, serment - dont le pacte sous diverses formules sous-tend rigoureusement tout un mystique des sanctions ultimes. Ce procédé en triptyque place enfin l'humanité au cœur de l'écologie et lui administre une sérieuse et précise dose de conservatisme susceptible d'apporter une nouvelle appréhension de l'avenir.

Première partie

L'UNIVERS TECHNICIEN ET SES REPRÉSENTATIONS CARDINALES

Chapitre 1.

LE TECHNOCOSME[1], SA MORPHOLOGIE ET SES REPRÉSENTATIONS CARDINALES

Dans le prélude de ce livre, j'ai évoqué le philosophe Gilbert Hottois qui caractérise le technocosme comme un milieu technicien planétaire qui se substitue au milieu naturel et l'intègre en même temps. Au sens péjoratif, on dit d'un univers, un environnement social et culturel qui caractérise le mode de vie d'une personne ou d'un groupe de personnes. Un technocosme, c'est tout simplement un univers technicien : une société au sein de laquelle vivent les hommes obnubilés par les merveilles technologiques. L'instauration de cette société remonte au dernier quart du vingtième siècle. Dans cette nouvelle société, tout le monde s'active et se replie sur une sorte de technostructure de masse en s'habituant au nouveau mode de vie qu'impose la culture technicienne. Dans cette culture, l'être humain s'obstine à la manipulation intense d'instruments techniques de dernière génération ; il pratique l'usage d'un langage propre, codé et assorti de mots de passe tonitruants. L'homme se caractérise par son exaltation manifeste du *design*. Pour accomplir un tel pari et se satisfaire lui-même, il s'adonne à toutes les recettes du système technicien : hédonisme, eugénisme, agnosticisme, nihilisme et sécularisme. Or le savoir informatique qui détermine tous ces impératifs évolue à un rythme tellement rapide qu'il soumet l'homme à un apprentissage perpétuel, parfois andragogique. S'il est connaisseur aujourd'hui, demain l'utilisateur d'un appareil informatique redevient un apprenti. Et l'ironie du sort fait que l'appareil qu'il utilise se révèle plus intelligent que lui-

---

[11] « Technocosme » est une expression empruntée au philosophe belge Gilbert HOTTOIS dans son excellent ouvrage intitulé *Le signe et la technique*, Paris, Aubier, 1984, 86-94.

même. Cet aspect du problème ouvre un autre questionnement complétant celui déjà traité dans mon premier ouvrage. Il s'agit donc d'une problématique que tout visionnaire puisse poser : jusqu'où mène cette culture maximaliste dans cet univers fondé sur l'ordre technicien ?

De ce qui précède, toute la question de morphologie technocosmique gravite autour de cette fameuse « société technicienne ».

I. MORPHOLOGIE DE LA SOCIÉTÉ TECHNICIENNE

Parmi d'innombrables définitions, celle que présente le dictionnaire « Micro Robert » définit la société comme groupe social limité dans le temps et dans l'espace. Il s'agit de l'ensemble de personnes entre lesquelles existent des rapports organisés. Une société peut aussi être considérée comme état particulier à certains êtres vivants, qui vivent en groupes organisés : on peut dire, par exemple qu'une fourmilière est une société !

Une société technicienne constitue donc un univers au sein duquel les rapports entre les êtres humains sont déterminés par l'usage généralisé de la Technique. Cet usage de la Technique implique la production des biens techniques aussi bien que leur consommation. Dans cet univers, le groupe social s'inspire d'une culture qui n'est pas de sensibilité humaniste, mais technicienne. La culture traditionnelle, naturelle, ne peut se préoccuper que de l'expression de l'humain, de ce que l'individu peut donner et recevoir, une sorte de don contre don tel que pratiqué jusqu'aujourd'hui dans plusieurs sociétés africaines. Or, la culture technicienne vise le productivisme : ici ce qui est rationnel, c'est ce qui concourt au progrès de la technique. Cette culture est autocentrée sur elle-même pour la cause de la Technique.

Nombreux sont les auteurs qui opèrent un amalgame entre société industrielle et société technicienne. La société industrielle œuvre pour la cause du marché, elle est fondamentalement capitaliste, mais la société technicienne est fondée sur le règne de la technoscience. Dans la société industrielle, l'être humain reste l'objet de la hiérarchisation sociale, il est voué indéfiniment au combat pour se maintenir dans la vie et se frayer une place dans la société. Or, dans la société technicienne, *a contrario*, l'homme quelle que soit sa classe sociale, n'est pas le centre de l'activité technique. La Technique prédomine seule sur tout ce qui existe. Celle-ci fonctionne à plein temps, non pas parce qu'elle doit subvenir aux besoins de la société, mais parce qu'elle doit fonctionner. Elle est auto-reproductible et chaque progrès technique avantage premièrement la production de nouvelles techniques. La Technique n'a aucun intérêt pour ce qui sert l'homme, elle s'intéresse à elle-même. Selon Ellul, elle s'auto-justifie, elle est auto-satisfaisante[2]. Elle s'occupe de subordonner l'homme et de le soumettre aux exigences de son fonctionnement.

La société technicienne, en tant qu'univers n'est pas unique tout court, elle est *sui generis*. Cette société est régie par un ordre invisible mis en place par le système technicien. Elle se caractérise par une forte allégeance de l'homme à la Technique. Cet ordre s'élève au-dessus des lois sociales et des normes éthiques. Il sous-tend à cet effet tous les rapports entre la culture de masse et le système technicien dont il est le souffle. En fonction du style de vie instauré, la société technicienne admet des artefacts du système et les consomme sans ménager d'autres biens de consommation. Se voulant elle-même invisible, elle évolue sous des « prête-noms », c'est-à-dire sous une triple représentation : idéologique, pragmatique et sociologique.

---

[2] Jacques ELLUL, *Le bluff technologique*, Paris, Hachette, 1988, p. 187

II. REPRÉSENTATION IDÉOLOGIQUE
Les apparats du modernisme

1. Avènement du modernisme

Il est impossible d'enfermer dans un seul mot un mouvement de caractère amorphe ou protéiforme, qui remonte au siècle des Lumières et a lancé des attaques renouvelées contre la structure sociale. Jusqu'ici, le terme le plus adéquat pour définir cette tendance culturelle bouleversante est celui de modernisme. Il englobe en lui ce que l'on peut appeler à la fois révolution, changement, progrès, nouveauté.

Certains auteurs, comme Jean-Michel Rabaté [3], font remonter le mot de « modernisme » à la fin des années 1920, estimant que ce fut le moment où le mouvement qu'il décrit se transformait. Il apparut régulièrement dans le contexte de la poésie. Il exprime l'effort volontaire d'un style et d'une sensibilité pour rester au premier rang d'une évolution, d'une conscience avancée.

Le particularisme de ce sentiment spontané qui, précédant même le marxisme et ses brutalités historiques, est d'avoir attaqué la société bourgeoise sans être soutenu par l'organisation d'un mouvement politique. C'est une révolution silencieuse, longtemps préparée et mûrie, qui a réussi à séduire l'imagination artistique et intellectuelle de l'époque jusqu'à résister aux influences de l'élite conservatrice. L'esprit moderniste, novateur, ouvre alors dans la société les portes d'une nouvelle civilisation dominée par l'emploi généralisé des biens techniques, leur consommation exclusive. Quoi qu'il en soit l'idéologie du modernisme reste un non-sens dans les sociétés dites bloquées. En

---

[3] Jean-Michel RABATÉ, La tradition du neuf : introduction au modernisme anglo-saxon, *Les cahiers du Musée national d'art moderne*, juin 1987, p. 94.

Afrique noire, l'idéologie est une donne exclue de l'histoire. Dans le monde islamique, l'individu se détache exclusivement de tout ce qui est moderne. En Amérique du Nord, les Amish y font la reddition.

2. L'idéologie moderniste

Le modernisme, en tant qu'idéologie, trouve son origine dans le discours théologique rénovateur et progressiste du tournant de cette époque. Il suppose un rejet obstiné du style régnant, une révolte latente contre l'ordre ancien. Il se fonde sur cet esprit novateur, « progressiste[4] ». A cet égard, le terme moderne devient une sorte de marqueur temporel dont la signification recouvre tout ce qui est actuel, récent, contemporain. L'idéologie moderniste, face au progrès continuel qui marque la société humaine, lutte toujours pour ne jamais triompher complètement, et au bout de quelque temps il continue de lutter, mais n'aboutit jamais à ses desseins : une chasse à l'horizon. Le modernisme est donc comparable à l'évolution du monde sans fin. Autrement dit, le modernisme change ou varie avec chacun de ceux qui le définissent à partir de leurs propres cordonnées temporelles. Ce qui est moderne aujourd'hui est désuet demain. « Chasser le naturel il revient au galop » : c'est une course qui s'engage, non pas contre la montre, mais contre le vent. Le modernisme n'a jamais atteint son but. D'aucuns l'évoquent en se référant au terme "primitif", qui, lui-même semble inadéquat. Ceci explique d'ailleurs mon point de vue personnel qui ne cessera jamais d'être une position d'opposition dans l'interprétation des choses. A moins qu'on ne veuille opposer plus traditionnellement le moderne au classique ou à l'ancien – « la querelle des Anciens et des Modernes » -, mais on ne sera guère avancé puisque c'est

---

[4] Ne pas comprendre le terme "progressiste" sous sa connotation idéologique. Ici il exprime tout simplement esprit du progrès.

par l'historicité que l'époque moderne est censée avoir débuté avec la chute de Constantinople en 1453, c'est-à-dire depuis la fin de l'Empire romain d'Orient.

En effet, bien que le modernisme soit apparu tardivement en tant que mouvement philosophique, ses premières manifestations remontent à la sécularisation de la société au XV[è] siècle. En tant qu'idéologie, les germes de ce courant philosophique se sont cristallisés d'abord au XVIII[è] siècle, avant de fonctionner comme mouvement au XX[è]. Mais dans son livre *Approches de la modernité*, Jean-Marie Domenach écrit : « S'il est vrai que le mot "moderne " est apparu au XIV[è] siècle par opposition à "ancien " qui caractérisait l'Antiquité gréco-latine, il n'a pris sa charge affective que plus tard, donnant naissance à ce concept de modernité qui apparaît en 1850 avec Th. Gautier et Baudelaire et qui regroupe autour de lui un ensemble de significations flottantes : esthétiques, philosophiques et politiques, nettement orientée par une volonté provocante d'aimer son époque et de la célébrer[5] ». Domenach ajoute que pour ces précurseurs du surréalisme comme pour les surréalistes qui ont pris leur succession, « la modernité signifie d'abord la destruction des formes figées qui arrêtent l'évolution des arts, des sentiments, des idées et des mœurs ; à partir de quoi l'on peut se réconcilier avec le présent et regarder comme surprenant, fantastique, ce qui semblait banal, comme ludique ce qui semblait utilitaire[6] ». L'idéologie moderniste met donc l'accent sur l'importance de l'évolution de l'homme dans sa dimension matérielle, mais récuse le préjugé de sa décadence.

En tout état de cause, l'unique vérité semble résider dans le seul fait que le modernisme marche de pair avec le rationalisme qui joue le rôle important dans le

[5] Jean-Marie DOMENACH, *Approches du modernisme*, Paris, Edition Marketing, 1995, p. 17.
[6] *Idem.*

fonctionnement du système technicien. Plusieurs penseurs, depuis la fin du XIXè siècle, ont montré le rôle joué par la rationalité dans l'évolution des sociétés, raison pour laquelle l'Afrique est toujours mise à l'écart à cause de l'irrationalité dont on l'accuse. Cela est en principe vrai, mais Karl Marx, de son côté, estime que sous le processus de l'échange, la rationalité provoque l'anarchie du marché. Mais, considéré dans le système technicien, la rationalité devient le principe moteur qui pousse les hommes à la recherche du modernisme, et le cas échéant, du post-modernisme dont le sens n'est pas aussi précis de sorte qu'il ne reste qu'une utopie de l'utopie.

Par modernisme, l'homme se sent réhabilité, responsable de son destin. Dans ses activités quotidiennes, la culture technicienne lui inculque des nouvelles impressions sensorielles fondées sur les notions de temps et d'espace, à plus forte raison doit-il se conformer à la révolution survenue dans les Nouvelles Technologies de l'Information et de la Communication (NTIC) ? Car celle-ci donne un sens nouveau aux concepts de vitesse, de lumière et de son. Le modernisme conduit alors l'individu partout où il veut se rendre et le met en contact direct avec des partenaires situés aux endroits les plus éloignés de la planète. Il est au courant de tous les événements qui se déroulent dans le monde. Le moderne reste alors, selon Michel Jarrety[7], cette valeur absolue que s'assure le nouveau qui prend puissance de sa seule nouveauté. Par ailleurs, ce qui est postmoderne n'est que l'ensemble d'idées cantonnées dans certains mythes présentant ce qui est réalisable dans un futur proche ou éloigné. Si la modernité représente un monde d'artefacts utilitaires à l'homme dans sa vie présente, le post-modernisme ne suppose qu'un ensemble des projets non entamés.

---

[7] Michel JARRETY, Le Moderne et l'actuel, *Les cahiers du Musée national d'art moderne*, juin 1987, p. 154.

3. Les artefacts de la modernité

Les artefacts de la modernité sont tellement nombreux qu'on ne peut les citer tous. Les défis de l'homme face aux contraintes de la Nature constituent un éventail d'expressions que l'on rencontre dans le monde d'aujourd'hui. Mais la machine moderniste ne s'est pas encore arrêtée. La poursuite de l'esthétique vient motiver ce sentiment de modernité découvert jadis dans les sensations d'un Baudelaire qui, semble-t-il voulait à tout prix en finir avec l'imitation des modèles du passé, dont les artistes de son temps n'arrivaient pas à s'affranchir [8]. Le modernisme s'infiltre alors dans tous les arts, dans toutes les techniques, dans les mécanismes de production, dans la façon d'agir et de penser, dans les habitudes et les comportements sociaux. Il prend la place de ce qu'on appelle, à tort ou à raison, civilisation. Tout est artificiel et artificialisé. L'homme consomme exclusivement la Technique. Les denrées alimentaires ne proviennent plus directement de la Nature, ils sont les résultats des manipulations génétiques faites avec des moyens techniques. Certaines plantes potagères sont entretenues dans des laboratoires de chimie plutôt que dans des champs maraîchers. Dans l'agriculture, les terres arables ne sont plus un don de la Nature, mais un don de la Technique, lorsqu'on considère la quantité de substances chimiques fertilisantes, utilisée à travers les espaces à cultiver. Toutes ces productions sont génératrices d'artefacts au lieu de produire des biens naturels consommables.

Il sied de signaler ici la différence qui existe entre un artifice et un artefact à partir de l'explication que donne Dominique Bourg dans son remarque ouvrage intitulé *L'Homme artifice*. Il indique que les artifices sont généralement les produits de l'action humaine, tandis que les artefacts en constituent un ensemble plus restreint

[8] Michel COLLOMB, La tradition moderne, *ibid.*, p. 52.

provenant exclusivement de l'action technique de l'homme[9]. De cette distinction, l'auteur dégage deux catégories d'artefacts, deux types d'objets qui n'ont pas en eux-mêmes leur principe de fabrication ou de modification : en premier lieu, les objets naturels que l'on modifie. Cette seconde catégorie d'artefacts, occasionnée par le progrès de la biologie moléculaire, implique, certes, un questionnement sur le destin du genre humain, mais la crise de conscience qui en surgit a pour origine la perte de la certitude religieuse, de la croyance en l'au-delà, au paradis et à l'enfer. Cette rationalité moderniste fait croire à l'homme qu'il n'y a que le néant après la vie. L'homme n'est ni le souffle de Dieu, selon la Bible, ni un revenant au sens négro-africain, mais un artefact à base d'ADN, un produit que l'on peut modeler et modifier à dessein. Faut-il apprendre par-là que chez les peuples d'Afrique noire, le patrimoine génétique reste inviolable à cause de sa transcendantalité !

Le principe naturel disparaît, le statut du dogme religieux est ébranlé : l'agnosticisme s'enracine par conséquent dans la société. En toute vérité, cette désorientation qui commande le chercheur en science de la vie n'était pas connue de l'artiste ou l'artisan d'autrefois, avant l'existence du système technicien et son impact actuel. Aussi, le célèbre principe du « tout est possible » ne s'exprime plus dans la foi chrétienne, mais dans l'idéologie technicienne. Conviendrait-il alors de mettre de l'eau dans le vin pour rendre l'humanité plus humaine !

---

[9] Dominique BOURG, *L'homme artifice. Le sens de la Technique*, Paris, Gallimard, 1996, p. 20.

III. REPRÉSENTATION PRAGMATIQUE DE LA CROISSANCE ET DE L'ÉQUIPEMENT

1. La croissance et ses effets

Dans la société traditionnelle africaine, l'objectif de l'activité technique de l'homme est d'assurer sa survie par la production des biens de subsistance. Dès son apparition en Occident, le capitalisme se répand progressivement partout dans le monde sous le coup du colonialisme et apporte de nouveaux besoins suscitant des mécanismes assez complexes dans les systèmes économiques. La production est désormais orientée vers la réalisation, certes du profit privé, mais aussi de la croissance économique, c'est-à-dire l'accroissement du produit global brut. À l'heure actuelle le terme que l'on peut utiliser n'est pas la productivité, mais plutôt le productivisme, car fondé sur le chassé-croisé des nations dans la croissance économique.

Dans le système technicien ou dans le capitalisme tout court, la croissance et le profit restent liés, interdépendants. Progressivement l'idée se répand que le progrès économique est non seulement possible, mais aussi qu'il est l'une des conditions nécessaires à la réalisation d'autres objectifs que l'on juge favorables : dignité nationale, intérêt national, meilleures conditions de vie pour les générations futures[10]. Dès lors, l'activité technique s'intensifie, soutenue par la croissance économique jugée comme l'apanage de tout progrès. En Europe où la croissance voit premièrement le jour, entre XVIIIe et XIXe siècles, son développement s'accompagna de théories destinées à l'encourager. Du libre-échangisme d'Adam Smith aux théories keynésiennes, les idées énoncées par de nombreux auteurs développent la

---

[10] W.W. ROSTOW, *Les étapes de la croissance économique*, Paris, Seuil, 1963, p. 17.

compréhension des phénomènes étudiés[11]. A cet effet, des hommes animés d'esprit d'entreprise s'efforcent de mobiliser l'épargne et prennent des risques pour obtenir des profits ou moderniser l'environnement [12]. Des capitaux considérables sont investis dans tous les secteurs.

Bien que des idées capitalistes, malgré controverses entre différents penseurs, aient largement influé sur le phénomène de croissance en lui faisant jouer un rôle déterminant dans le développement technique, ce facteur restait un obstacle majeur pour la gestion environnementale et le comportement social en général. Certes, la Technique dévalue la rareté responsable du phénomène économique, mais au lieu de produire des objets en fonction de la demande sociale, elle en produit à l'excès au-delà de la saturation. Autrement dit, elle produit abondamment sans tenir compte des besoins sociaux réels. Voilà l'explication exacte de l'expression du "productivisme " évoqué ci-haut. L'âge des machines est aussi dévalué du fait que la croissance permet leur renouvellement continuel ; en même temps, ces machines occasionnent différentes formes de nuisances qui affectent l'homme, polluent son milieu, et le placent dans une « civilisation du risque »[13]. Enfin, la Technique dévalue le goût archaïque[14], mais crée parfois des besoins anodins. Plus les moyens techniques se développent, plus de nouveaux besoins naissent. Les nouvelles marques d'objets, les plus communs et souvent meilleur marché, deviennent alors, d'un point de vue esthétique, infiniment supérieures aux

---

[11] Louis LAGNAGE, *La croissance économique*, Paris, PUF, 1980, p. 14.

[12] W.W. ROSTOW, *op. cit.*, p.17.

[13] A ce propos, on peut lire le remarquable ouvrage de Patrick LAGADEC, intitulé, *La civilisation du risque. Catastrophes technologiques et responsabilité sociale*, Paris, Editions du Seuil, 1981, 241 pages.

[14] Lewis MUMFORD, *op. cit.*, p. 304.

anciennes marques d'objets devenues rares, plus anciennes, mais fort coûteuses.

La croissance entraîne toujours une augmentation du revenu par habitant, et par conséquent une hausse des salaires. Il s'agit ici d'une représentation pragmatique de la société technicienne. Pragmatique parce que tout est chiffrable, c'est-à-dire la croissance se prépare et se concerte entre les intéressés, comme l'affirme Henri Lefebvre dans son livre intitulé *Le manifeste différentialiste*[15]. Elle se prévoit par projection ou par extrapolation à partir des données ; elle se présente à l'avance selon des schémas homologues ou analogues. Elle ne peut pas s'écarter de ces schémas préconçus. Les modèles envisagés pour y parvenir sont coercitifs, imposés au préalable. Les techniciens disent qu'ils sont de stimulants. C'est ainsi qu'au moyen de l'investissement, la croissance permet à la société de s'équiper en matériels techniques indispensables à son développement économique.

2. Société équipée et ses combinaisons nouvelles

On parle d'une société équipée lorsque son économie de capital occasionne le perfectionnement et la diversification du matériel technique, lorsque cette économie est capable de créer des infrastructures capables de faire face aux besoins des populations. Le renouvellement continu des matériels ainsi que l'innovation font augmenter la production jusqu'à entraîner la croissance. Celle-ci stimule à son tour une élévation considérable du niveau de vie des populations et crée une véritable société de consommation. Aussi, l'équipement technique augmente la productivité du travail et diminue le temps de production. Les gains de productivité sont réinvestis soit dans le renouvellement du capital, soit

[15] Henri LEFEBVRE, *Le manifeste différentialiste*, Paris, Gallimard, 1970, p. 37.

dans l'innovation technique. D'après Jean-Jacques Salomon, l'innovation n'est autre chose que l'introduction discontinue des combinaisons nouvelles de produits et de moyens de production[16]. A propos de ces "combinaisons nouvelles ", l'auteur précise que cette formule ne concerne pas seulement le progrès technique comme résultat ni l'invention comme source de l'innovation. Autrement dit, ce qui caractérise l'équipement, c'est qu'il construit non seulement un système technique nouveau, mais encore un nouveau système d'organisation et de gestion[17].

Les combinaisons nouvelles que réalise la société technicienne se rangent en des catégories encore plus pragmatiques : la constitution de l'équipement, la fabrication des nouveaux produits, l'introduction d'une méthode de production nouvelle, l'ouverture des nouveaux marchés, l'utilisation des sources nouvelles de matières premières, la réorganisation des secteurs économiques. Dès lors, il y a nouveauté et novation. Mais les agents économiques et les consommateurs agissent tous dans un monde d'incertitude et de risque. Parfois, ils nagent à contre-courant des habitudes et des idées établies, ils s'attaquent à la routine, se heurtent à des résistances. Car ils cumulent en même temps les qualités de *Homo Œconomicus* et celles de *Homo Technicus*, le comportement est envisagé comme exclusivement dominé par le calcul hédonistique, chrématistique, soucieux d'obtenir aussi bien le plus grand gain monétaire que l'efficience.

Les Techniciens se trouvent dans l'obligation de vaincre les résistances de tous ordres que rencontre l'innovation, car leur objectif est de promouvoir la Technique. Ainsi, à partir de combinaisons nouvelles, ils ont pu mettre en place une organisation et un système sociotechnique harmonieux,

---

[16] Jean-Jacques SALOMON, *Le destin technologique*, Paris, Gallimard, p. 111.
[17] *Idem*.

ayant entraîné de profondes mutations techniques souvent non conformes aux normes et aux valeurs éthiques.

Ces mutations tendent de plus en plus à écarter l'homme du monde de travail. Manifestement l'exclusion de l'homme est imminente compte tenu de l'accroissement du nombre de machines, de leur diversification dans tous les domaines. Plus la croissance et l'innovation déversent dans la société une importante quantité de moyens de production performants et automatisés, plus la main-d'œuvre est balayée sur le marché d'emploi.

3. Problématique du travail

Le travail est l'un des facteurs importants du phénomène technique. Par travail, on entend l'usage d'une force capable de produire un bien économique. Il s'agit de la mise en œuvre d'une force productive qui pourrait être physique, mécanique, électrique ou électronique.

Dans l'antiquité gréco-latine, le statut du "travail " en tant que *labor* était entaché d'un certain négativisme. Partant, il n'était pas au centre des préoccupations des populations, car l'essentiel du travail matériel était accompli par les esclaves. Avec l'émergence du capitalisme urbain qui consacrait la fin du système féodal en Europe au XIè siècle, l'exercice du travail obtint son droit de cité. Cependant, l'usage du mot travail ne serait apparu qu'au XVIIIè siècle, avec la première révolution industrielle, quand les ouvriers ont commencé à être massivement recrutés dans les usines. Avant cette époque, selon Jacques Robin, on disait que l'on œuvrait ou que l'on labourait[18].

Le mot travail n'aura, finalement, vécu pleinement que trois siècles avant d'être expulsé par une autre révolution – technologique – qui permet de produire des biens

[18] Jacques ROBIN, *Quand le travail quitte la société postindustrielle*, Paris, éd. GRIT, 1994, p. 48.

économiques avec de moins en moins d'êtres humains. Et le sociologue Roger Sue d'affirmer : « Tous les grands penseurs de la modernité, de Smith à Marx en passant par Saint-Simon et, plus proches de nous, Keynes et Hannah Arendt, ont dit que le travail avait pour vocation de s'autosupprimer. Le paradoxe, c'est qu'aujourd'hui on est en passe de réaliser cette société délivrée du travail et on le voit pas »[19]. En toute vérité, ce que l'on peut apercevoir actuellement dans la société technicienne, c'est " le chômage massif ", l'exclusion, la stigmatisation des étrangers et la panique d'un monde qui, auparavant, s'était construit sur l'idée que, sans travail l'homme n'existe pas. La pensée économique néo-libérale enseigne que la reprise de la croissance est créatrice d'emplois, mais la société technicienne fait le contraire de cette règle ; dans certains cas on constate que plus il y a croissance plus le chômage augmente. Cette nouvelle société est marquée par cette réalité alarmante dans un contexte où le chômage est considéré comme un cataclysme, une catastrophe, un sinistre au même titre qu'un accident, sinon un déraillement ferroviaire.

Le travail, quel qu'ait été son caractère aliénant et conflictuel, reste traditionnellement un facteur d'intégration sociale, c'est-à-dire, un élément fondamental du lien social. L'exclusion de la sphère du travail provoque une grande difficulté de s'intégrer au groupe social. La société technicienne rejette l'homme du circuit de la production des choses, matérielles ou immatérielles. L'homme réalise alors que, croyant produire seulement des biens ou services, il se produisait d'abord lui-même en se transformant en objet technique. Désormais, on ne parle plus de travail, mais de l'emploi. Il ne s'agit pas forcément d'un moyen de gagner sa vie, mais d'un moyen dont l'homme dispose pour répondre à sa vocation technicienne.

---

[19] Roger SUE, *Temps et ordre social*, Paris, PUF, 1994, p. 138.

IV. REPRÉSENTATION SOCIOLOGIQUE : l'équivoque du développement

Le concept du développement n'a jamais fait l'unanimité, il n'a jamais été non plus défini objectivement, car ses principaux repères tendent plus à l'économie qu'à la sociologie. Selon François Perroux, le développement suppose le déploiement de l'activité des hommes à l'égard des hommes par l'échange de biens ou services et par l'échange d'information et de symboles[20].

Sur ce plan économique, une société développée est celle dont les mécanismes de fonctionnement internes et externes sont harmonieusement articulés. Toutes les parties qui composent le système sont durablement bien structurées et interliées sous forme des réseaux communicatifs, du tronc jusqu'à la brindille. Il s'agit d'une société progressive où les actions et les *feedbacks* appellent une permanente régulation pour bien évoluer.

1. Société progressive

Une société est progressive lorsque son évolution reste constamment orientée vers une direction jugée souhaitable par les intéressés, à partir du moment où elle commence à présenter des indicateurs économiques, sociaux et culturels favorables. Le développement semble être une utopie sinon un mot vide de sens, car tous les peuples du monde butent à atteindre un certain point eschatologique. La seule réalité que nous pouvons retenir est telle que les uns se retrouvent en avance et les autres en retard, comme sur une échelle ascendante.

[20] François PERROUX, *Pour une philosophie du nouveau développement*, Paris, Aubier/Unesco, 1981, P. 50.

Le progrès est lié à la société progressive, estime François Perroux[21]. Parmi les modèles que l'on peut envisager pour atteindre l'objectif du progrès, le modèle occidental paraît être réalisable à cause de sa rigidité et, surtout, de sa rationalité, imitable après corrections dans d'autres sociétés attardées. Mais ce modèle, quoique cohérent sur le plan matériel, ne suffit pas pour répondre aux critères d'une vraie société développée.

Les théoriciens révolutionnaires d'inspiration marxiste considèrent le sous-développement comme l'antithèse du développement. Selon eux la dynamique de développement est en marche lorsque le progrès des uns entraîne la régression des autres. L'état de la société repose et évolue sur fond d'une certaine dialectique qui la divise en deux classes : celle des dominants et celle des dominés. Dans leurs analyses des problèmes, ces penseurs révolutionnaires montrent que le retard des pays du Sud n'est que la conséquence du capitalisme mondial. Dans cette lignée, l'analyse de Samir Amin compte parmi les plus séduisantes[22]. Par ailleurs, les théoriciens néo-libéraux du développement, pour justifier leurs paradigmes, se replient sur l'analyse que présente le professeur Walt Whitman Rostow, économiste américain, dans son illustre ouvrage intitulé *Les étapes de la croissance économique*[23]. En réalité, cet auteur n'est qu'un bouc émissaire à qui on fait dire ce qu'il n'a pas dit, à qui l'on prête gratuitement les propos qui ne sont pas les siens. Dans son livre, Rostow traite non pas du développement au sens propre du terme, mais de la croissance économique. Il décrit celle-ci comme un processus en cinq étapes par lequel tout pays doit passer : la société traditionnelle, la phase de transition vers le décollage, le décollage (*take off*), la marche

---

[21] *Ibid.*, p. 60.

[22] SAMIR AMIN, *L'accumulation à l'échelle mondiale*, 2 tomes, Paris, Editions Anthropos, 1970.

[23] W.W. ROSTOW, *op.cit.*, 252 pages.

vers la maturité, l'ère de la consommation de masse (phase finale). Comme on peut le remarquer, il ne s'agit que d'une simple mutation économique et non d'une quelconque amélioration spirituelle ou mentale.

Pour apprécier le développement global d'une société, il ne faut pas seulement se limiter à des groupements significatifs d'indicateurs appropriés (gain de productivité, revenu national, distribution de ce revenu, indicateur d'emploi, conditions et durée du travail, etc.), il faut aussi prendre en considération certains indicateurs souvent oubliés par les économistes. Les propos du Mahatma Gandhi sont éclairants à ce sujet. « Le régime économique qui va à l'encontre du progrès moral d'un individu ou d'une nation, ne peut être qu'immoral et, par conséquent, peccamineux »[24], estime-t-il.

Il est vrai que le progrès doit s'accompagner du bien-être social dont le principal indicateur est l'augmentation du niveau de vie. La société technicienne répond à toutes ces conditions liées au standard de vie, mais elle ne réalise pas la totalité des critères d'une société développée. Le progrès des techniques de pointe reste, certes, son domaine de prédilection, mais certaines valeurs humaines sont méconnues.

Pour lever l'équivoque, un homme nouveau surgit de la lignée de Gandhi : il s'agit d'Amartya Sen, surnommée « L'économiste des pauvres ». *Repenser l'inégalité*, livre publié en 1992, a fait la renommée d'Amartya Sen, avant de lui valoir un prix Nobel en 1998. Selon cet auteur la croissance économique ne suffit pas pour mesurer le développement. À la fois philosophe, mathématicien et économiste, Amartya Sen fut à juste titre le premier économiste non occidental à se voir décerner le Nobel en économie. « Le Prix Nobel des pauvres » reste l'éloge qu'on lui décerne. La contribution de cet Indien à la théorie du bien-être est aux antipodes des modèles économétriques déconnectés de la

---

[24] GANDHI, *Tous les hommes sont frères*, Paris, Gallimard-Unesco, 1969, p. 213.

réalité. Les travaux de Sen, marqué par la dramatique famine qui décima Bengale, doivent beaucoup à l'observation directe du fonctionnement de l'économie des pays pauvres. Ils tournent autour du concept de développement, nettement distinct dans son esprit de la croissance. Sen conteste à cet égard l'« équilibre général » de Walras : à quoi bon que celui-ci soit garanti si, pour ne pas détériorer la situation de quelques riches, on laisse des millions d'individus s'enfoncer dans la misère ? C'est grâce à lui que le Programme des Nations-Unies pour le développement (PNUD) a créé un nouvel indicateur, l'indice synthétique de développement humain, qui agrège, entre autres, des données relatives à la mortalité infantile, à l'espérance de vie et au système éducatif. Il est donc l'inventeur de ce nouvel indicateur : Indice du développement Humain (IDH en sigle).

2. Indicateurs sociaux

Dans la société traditionnelle africaine, comme dans de nombreuses sociétés prémodernes connues dans l'histoire, l'état de vie d'un groupe était déterminé par le principe de solidarité entre ses membres. D'emblée, la société capitaliste venue de l'Occident vint inverser la tendance. Le système capitaliste, avant de céder la main à la société technicienne, détacha l'homme de son milieu familial et artisanal. Il en résulte, selon François Perroux, une dépersonnalisation des relations économiques vantée par les idéologies de justification des régimes contemporains au nom de l'efficacité, surtout dans les nations qui ont assis leur prospérité et leur puissance sur la mythologie de l'enrichissement et de l'accumulation des biens matériels[25]. C'est cette conception qui a été mise au rencart par Amartya Sen lorsqu'il estime que la richesse ou la pauvreté ne se mesurent plus seulement au revenu. Les "capabilités " d'Amartya Sen, écrit René-

[25] François PERROUX, *op. cit.*, p. 67.

Eric Dagorn, ont finalement transformé les règles de calcul du développement humain[26]. Selon lui, l'IDH (indice du développement humain) est composé de trois paramètres : l'espérance de vie, le niveau d'alphabétisation et d'instruction, et produit intérieur. Mais l'analyse de Sen, après avoir fait l'unanimité au sein de la communauté internationale - dont classe politique, économistes et sociologues - devient de plus en plus désuète, et bientôt dépassée. Ainsi apparaît un nouvel agrégat : « Bonheur National Brut » (BNB en sigle). Ce concept bhoutanais détrônera le concept indien. Il s'attèle surtout au bien-être global des citoyens dans leur propre pays en évaluant leur joie d'y vivre[27]. Ce nouvel agrégat établit le rapport entre le Bien-être et le Mal-être des populations.

Dans la société technicienne, la question du développement devient taboue. L'individu s'accepte individualiste. Il est désormais interlocuteur des appareils au lieu de communiquer avec ses semblables. Le progrès technique n'est plus au service de l'humanisme communautaire. Il corrompt l'homme entier et le déracine de son authenticité : l'homme perd tous ses repères et ne sait plus s'identifier. Actuellement la Chine, par exemple, malgré sa croissance fort remarquable, n'est pas une société développée au vrai sens du terme, et pourtant c'est une société technicienne. Nombreux sont les auteurs qui ont traité de ce phénomène de manière assez préoccupante. Samuel Huntington [28], reconnaissant que la modernisation a généralement contribué à élever le niveau matériel de la civilisation partout dans

---

[26] René-Eric DAGORN, Amartya Sen : Repenser les inégalités, in *Sciences Humaines* Hors-série n° 20, Juin-Juillet 2015, p. 106.

[27] Il convient de faire remarquer que les vagues d'immigration qui défraient aujourd'hui la chronique et provoquent tant de morts en Méditerranée ont pour cause principale l'absence de l'agrégat BNB dans les pays d'origine.

[28] Samuel P. HUNTINGTON, *Le choc des civilisations*, Paris, Editions Odile Jacob, 1997, p. 356.

le monde, pose la question de savoir pourquoi n'a-telle pas également rehaussé la dimension morale et culturelle de la civilisation ? Selon Jean-Michel Besnier [29], le progrès technique est alors considéré comme résultat d'un choix, en tant que tel contingent et discutable. Cet auteur donne son avis suivant lequel en aucune façon la civilisation matérielle dont l'Occident se prévaut jusqu'ici ne garantit "le progrès moral ". Il présente son indignation en ces termes : « L'humiliation est telle qu'elle invite bientôt à la mortification, à l'autodestruction des idoles engendrées par au moins trois siècles de mobilisation scientifico-technique ». A cet effet, Besnier souligne que le thème de barbarie des modernes s'impose aussi en même temps que celui de la relativité des cultures.

3. La récession sociale

Le développement est en réalité un phénomène global, aussi bien quantitatif que qualitatif. Il n'est pas singulier, il engage, au contraire, tous les hommes et tout l'homme. Je pense il y a quelques décennies le Pape Paul VI l'avait bien souligné avec insistance dans son encyclique *Populorum progressi* [30]. Selon Henri Lefebvre, le développement suppose création de formes de la vie sociale, de valeurs, d'idées, de façons de vivre, de styles[31]. Un monde marqué par une fraction sociale culminante n'est pas encore développé, au vrai sens du terme. Tant qu'il y a, d'un côté les riches et d'un autre les pauvres, il n'y a pas de développement possible. Dans la société technicienne, n'existe-t-il pas une catégorie d'hommes dont le comportement est entaché de la juste étiquette de

[29] Jean-Michel BESNIER, *L'humanisme déchiré*, Paris, Descartes et cie, 1993, p. 78.
[30] Le développement des peuples.
[31] Henri LEFEBVRE, *op. cit.*, p. 38.

“clochardisation “ ? Encore faut-il bien le préciser : « les marginaux sociaux », les quart-monde ». Ceci signifie que l’exclusion et la misère changent de degré et même de nature, que les pauvres – ceux que la Bible appelle les pauvres de Yaweh – deviennent des clochards, c’est-à-dire les parias d’un monde riche, le “quart-monde “, l’écume rejetée de la nouvelle civilisation technicienne. Il s’agit de ceux-là qui n’ont droit d’accès ni au restaurant moderne ni à la carte à puce bancaire.

En Afrique traditionnelle, la misère s’ignorait en tant que misère. L’Africain ne faisait jamais la manche, il ne tendait pas la main aux passants. L’individu conservait une certaine dignité – celle que montraient par exemple les chefs traditionnels vêtus d’habits d’apparat bien qu’un grand nombre des sujets étaient presque dénudés. Mais la misère telle qu’elle se présente de nos jours n’existait pas. Car, la société assurait spontanément la sécurité de tout le monde. Aujourd’hui, la misère clochardisée se connaît comme telle, avec l’humiliation et le ressentiment qui résultent de cette connaissance, par comparaison avec la richesse voisine. Elle se traduit souvent par la mendicité ou la petite criminalité. Elle remplace, comme matériau de construction, le vieux bidon rouillé – pénurie – et les drapés d’antan par les vieux costumes militaires achetés au décroche-moi-ça des friperies locales. En marge des grandes villes, brillantes d’inutiles lumières - effets des enseignes mirobolants - perpétuelles et tentatrices expositions de l’industrie et du commerce florissants, sanctuaires du luxe[32], aux rues engorgées de grosses cylindrées, elle clochardise sous des ponts qui traversent les cours d’eau, des individus groupés par dizaines, appelés communément SDF (sans domicile fixe), parmi lesquels on trouve des toxicomanes et autres dépravés

[32] En décembre 2015 lors d’un séjour à Las Vegas, dans le Nevada aux USA, j’ai moi-même palpé cette réalité concernant les tentacules des lumières et du luxe.

sociaux. Comment peut-on expliquer cette pauvreté au cœur-même de l'abondance ? S'il en est ainsi, le développement n'est qu'utopie, un phénomène plus théorique que pratique. Et dans sa matérialité, la société technicienne s'achemine, non sur la voie du vrai développement, mais s'encastre sur les rails d'une nouvelle civilisation qui pointé déjà à l'horizon, et qui privilège les artefacts au détriment des valeurs humaines et sociales.

Chapitre 2.

LES IDENTITÉS DE L'HOMME MODERNE

I. LES GRANDES MÉTAMORPHOSES DE L'HOMME EN OCCIDENT

Qu'entend-on par « identité » ? Telle est la question que pose le philosophe Charles Taylor dans son ouvrage intitulé *Le malaise de la modernité*[33]. Ce qui définit « qui nous sommes », « d'où nous venons », explique-t-il. Selon Taylor, l'identité constitue l'arrière-plan en regard duquel nos goûts et nos désirs, nos opinions et nos aspirations prennent leur signification[34]. Les identités de l'homme en tant qu'être vivant sont multiformes. Dans *L'Afrique face au défi de la technoscience*[35], j'ai montré que la première transformation culturelle de l'homme remonte à Descartes. Avant cette époque dite « L'époque de la Renaissance », le monde a évolué sous l'empreinte de *Homo Silvaticus* vivant avec les caprices de la Nature. Cette époque donna naissance à un autre type d'homme : le cartésien. Mais, à la différence du *Silvaticus*, le cartésien est dominé par le *cogito*, c'est-à-dire l'esprit cartésien. A cet effet, il a l'habitude, par tradition, d'envisager les problèmes selon la seule raison libérée d'idées superstitieuses, métaphysiques et irrationnelles, comme c'est le cas du *Silvaticus*.

Dans la civilisation occidentale, génitrice du système technicien, on fait toujours appel à la raison en éliminant systématiquement tout ce qui est irrationnel. Sur le plan de la connaissance, s'installe une frontière entre l'Occident et les autres civilisations, mais celle-ci semble perméable dans

---

[33] Charles TAYLOR, *Le malaise de la modernité*, Paris, Éditions du Cerf, 1992, p. 42.

[34] *Idem.*

[35] B. MWAMBA MPUTU, *L'Afrique face au défi de la technoscience. Histoire et Enjeux*, Paris, L'Harmattan, 2013, pp. 131-132.

ce sens que des cultures non occidentales se servent des méthodes cognitives occidentales pour faire évoluer leurs propres civilisations. Le cartésianisme marque donc cette frontière avant qu'elle ne soit, comme aujourd'hui, économique, politique, sociale et idéologique.

L'homme cartésien ou encore l'homme rationnel, est celui qui se reconnaît responsable de son destin. Cette idée a été motivée par la Réforme protestante (XVIe siècle). Il est indépendant et autonome, attaché à sa propre identité. C'est de lui que naissent des mentalités : individualiste, utilitariste, entrepreneuriale.

De l'homme rationaliste, nous passons à l'individu matière-grise, la noosphère.

L'idée de « noosphère » suppose qu'il existe plusieurs couches sphériques dans la composition de notre planète. L'homme en est la composante étant donné qu'il fait partie de la biosphère dont elle est aussi une composante à l'instar des milieux végétal et animal. Cette conception revient à Pierre Teilhard de Chardin qui définit l'être humain comme étant la nappe pensante.

L'homme noosphérique est une complétude de l'homme cartésien, rationnel. Mais contrairement à l'homme rationnel qui fonde son existence sur la connaissance, l'homme noosphérique attise la liberté de pensée. Cette liberté conquise en Occident dès le XVIII^è^ siècle est finalement devenue un véritable socle du progrès actuel de la civilisation occidentale. Elle autorise l'homme noosphérique à mettre en œuvre sa « matière grise » afin d'assurer la pérennité de la vie, le cas échéant, d'en créer artificiellement. Elle l'autorise également à franchir les frontières du possible pour chercher à affronter l'impossible. À cette occasion l'homme, ayant utilisé à volonté toutes ses facultés pour faire progresser la technoscience, a alors érigé la civilisation technicienne, phénoménale, tentaculaire et épouvantable.

De l'homme noosphérique, nous assistons à l'apparition de l'homme anthropocène[36], l'expression de l'homme qui est à la base du changement climatique. Ainsi donc, si la noosphère recouvre l'homme qui pense, l'Anthropocène représente l'homme qui entre en scène.

II. L'ANTHROPOCÈNE

L'activité de l'homme déchaîné et occupé à chercher la solution ultime sans sa lutte pour une maîtrise totale de la Nature, occasionne un dysfonctionnement qui risque de provoquer l'extinction complète de la planète. Les techniques toujours plus performantes dans les domaines divers : pêche, chasse, exploitation des sols et des forêts, etc., ont très fortement accéléré le « dépeuplement » des écosystèmes (mers, forêts et des terres habitables) en favorisant l'avancée des déserts à travers le monde. Les gaz responsables du dérèglement climatique, dont le plus décrié est sans doute le dioxyde de carbone, proviennent de la production industrielle et participent très certainement au déséquilibre de l'écosystème par le rétrécissement de la couche d'ozone, et de la fonte des glaces polaires dont la conséquence est déjà la montée du niveau de certains océans, au détriment d'îles et de terres continentales de basse altitude. Les pluies acides ne contribuent pas moins à la destruction de la forêt autant que les érosions causées par les ruissellements des eaux pluvieuses tarissent les fleuves et les ruisseaux, etc.

Toutes ces mauvaises nouvelles qui fusent chaque jour constituent un « choc frontal » pour la société technicienne, et l'entraîne dans des situations extrêmement dramatiques. Faute d'histoire précise, dominent dans les espaces publics, voire académiques, des récits assez vagues de la crise

---

[36] « Anthropocène » est un néologisme qui exprime une nouvelle époque dans l'échelle des temps géologiques caractérisée par l'empreinte de l'homme sur la planète.

environnementale incriminant la « modernité » en général ou pis encore « l'espèce humaine ». C'est d'ailleurs l'origine du concept d'Anthropocène.

1. Origine du concept Anthropocène

Le terme « Anthropocène » vient d'une proposition des scientifiques, trouvée par dérision et désormais débattue au sein de la Commission internationale de stratigraphie.

D'abord qui est cet « anthropos » de l'anthropocène ? C'est l'homme noosphérique selon la conception de Pierre Teilhard de Chardin, et qui, considéré comme nappe pensante, ignore paradoxalement de prendre conscience des dégâts qu'il occasionne sur l'environnement.

Ce concept, métaphoriquement forgé autour de l'an 2000 par des scientifiques[37] du système Terre, il ouvre un espace d'échanges entre les sciences pures et les sciences humaines. Il acte le fait que l'humanité a une telle influence sur la planète (modification massive des cycles de matières, extinction d'espèces…) qu'il faut ouvrir dans l'échelle des temps géologiques une nouvelle époque : celle de l'Homme.

L'action humaine sur la planète serait ainsi comparable à celle des variations de l'orbite terrestre ou de la tectonique des plaques. Il y a deux remarques : premièrement, par rapport à la notion de crise environnementale qui renvoie à une temporalité courte, la force du concept d'Anthropocène est de désigner un point de non-retour. Ce que nous vivons n'est pas une simple crise, un mauvais moment à passer, mais une révolution géologique d'origine anthropique. Deuxièmement, l'avantage du concept d'Anthropocène est de mettre l'homme, le temps et l'histoire au centre du problème.

---

[37] Le vrai inventeur du mot « anthropocène » est le Néerlandais Paul Crutzen, prix Nobel de chimie et spécialiste de l'ozone atmosphérique.

Les scientifiques écologistes, en proposant une nouvelle époque géologique, sont en effet obligés de réfléchir en termes historiques. Ils doivent, par exemple, en déterminer le commencement. Les uns estiment que l'Anthropocène aurait débuté il y a 5000 ans, à un moment où l'apparition de la riziculture en Chine serait responsable de l'augmentation de méthane atmosphérique. Pour les autres, il remonterait au Ier siècle av. J.C., à l'époque où l'Empire romain avait accentué la métallurgie par les fabriques de l'artillerie (lances, javelots, boucliers) en fer. À savoir, de nos jours, les scientifiques ont découvert quelques particules de fer qui dateraient de cette époque dans l'Arctique. D'autres encore estiment la date de 1610 qui correspond à une baisse brutale du CO^2 atmosphérique du fait de la disparition de 90 % des Indiens d'Amérique (soit 50 millions de personnes, c'est-à-dire 10 % de la population mondiale), victimes de la conquête et des maladies importées par les Européens. Les terres agricoles avaient ainsi reculé au profit de la forêt qui stocke du CO^2, ce qui a réduit l'effet de serre et sans doute aggravé le petit âge glaciaire des XVIIe et XVIIIe siècles.

L'intérêt du regard anthropologique est de croiser Histoire de la Terre et Histoire humaine. En effet, c'est la date de 1769[38], année de l'invention de la machine à vapeur qui est couramment avancée comme point de départ symbolique de l'Anthropocène. Cette remarque renvoie à l'argument essentiel de l'historien américain Kenneth Pomeranz selon lequel la révolution industrielle aurait été impossible sans l'Empire britannique et l'exploitation économique de l'Amérique[39]. Il reste donc à retenir que c'est bien l'industrialisation du XIXe siècle, matrice effective des émissions de gaz à effet de serre, qui est le point de départ le plus

---

[38] L'année 1769 correspond la date où l'inventeur James Watt avait déposé son brevet.

[39] Kenneth POMERANZ, *Une grande divergence. La Chine, l'Europe et la construction de l'économie mondiale*, Paris, Albin Michel, 2010.

évident de l'Anthropocène. Mais il ne faut pas oublier que le charbon, en activant des métiers à filer, sert d'abord à traiter de la matière organique : sans coton d'Amérique (produit par des esclaves) ou sans laine néo-zélandaise au XIXe siècle, la machine à vapeur aurait moins d'intérêt.

2. Récupération du concept par l'Histoire

De toutes les disciplines des sciences humaines, c'est l'Histoire qui s'est saisie du concept. Les historiens sont interpellés par le constat matériel ahurissant qu'il pose. Comment expliquer avec acuité ces courbes de consommation et d'émission de matières qui s'affolent dans la seconde moitié du XXe siècle ?

L'enjeu est aussi de critiquer le récit naturalisant de la crise environnementale proposé par l'Anthropocène, de le ré-historiser et donc de le re-politiser. Prenons un exemple : en 1950, 65 % des émissions cumulées de CO^2 provenaient de deux pays seulement : le Royaume-Uni et les États-Unis ! Il a fallu attendre des années 1970 pour que les émissions du reste du monde dépassent les émissions des deux puissances dominantes des XIXe et XXe siècles. D'un point historique, l'Anthropocène aurait bien pu s'appeler « Anglocène »... Si l'on compare l'Angleterre à la France en 1914, le PNB par habitant y était plus élevé de 20 %, mais les Anglais ont émis à cette date quatre fois plus de CO^2 que la France. D'autre part, l'Angleterre, qui pèse en 1913 pour moitié dans les investissements directs à l'étranger (IDE), oriente ses capitaux dans les chemins de fer (40 %) et dans les mines. En somme, à cette époque, l'Angleterre projetait son capitalisme fossile sur le monde entier.

III. LE CITOYEN VERT (ÉCOLOGISTE)

Un écologiste est toute personne qui prend un engagement consciencieux de mener une lutte noble pour la défense de l'environnement. Par métaphore, on l'appelle « citoyen vert » à cause de son militantisme dans la quête de la verdure. Il est imprégné d'une idéologie que l'on appelle « écologisme ».

Le terme « écologisme » désigne l'ensemble des courants de pensée qui mettent au cœur de leur réflexion et de leur action la protection de l'environnement tout en questionnant les rapports sociaux et les systèmes politiques des sociétés industrielles. Apparu dans les années 1960, l'écologisme est à la base de l'écologie politique.

Depuis le début de la seconde moitié du XXe siècle, nombreux sont des penseurs, scientifiques et volontaires acquis à la cause écologique, qui ne cessent de tirer des sonnettes d'alarmes pour dénoncer les aspects négatifs du système industriel fonctionnant aux énergies fossiles (charbon, gaz, pétrole) et nucléaires (uranium).

Il y eut sans doute, au départ, l'inlassable travail d'alerte conduit par des organisations écologistes, sur la base de rapports scientifiques, en particulier ces penseurs, fondateurs de l'écologie moderne, regroupés sous le nom de Club de Rome, qui publièrent en 1970 un retentissant rapport inaugural – rapport Meadows - qui allait réveiller les consciences planétaires [40]. Deux ans après l'ONU convoqua à Stockholm, en Suède, du 5 au 16 juin 1972, le premier Sommet de la Terre fondé sur la nécessité de défendre l'environnement mondial. Ce sommet accoucha d'une Déclaration des Nations unies donnant également naissance au Programme des Nations unies pour l'environnement (PNUE). Cette déclaration proclamait ceci :

« L'homme est à la fois créature et créateur de l'environnement, qui assure sa subsistance physique et lui offre la

[40] Il s'agit d'un document intitulé *Halte à la croissance ! Rapports sur les limites de la croissance*, Paris, Fayard, 1972.

possibilité d'un développement intellectuel, moral, social, et spirituel…[41] »

Dès 1974, en France, le célèbre agronome René Dumont fit prendre conscience à toute une génération des limites des ressources naturelles et des risques d'une croissance économique exponentielle. Ensuite tombe le décisif rapport Brundtland, publié en 1988 sous le titre *Notre avenir à tous* par la Commission mondiale sur l'environnement et le développement présidée par Mme Gro Harlem Brundtland. C'est le travail de cette commission qui avait d'ailleurs inspiré le concept du développement durable consacré par la Conférence de Rio de Janeiro, au Brésil, en 1992.

---

[41] Daniel COHN-BENDIT et Édouard GAUDOT, *Pour la planète*, Paris, Dalloz, 2009, p. 44.

Chapitre 3.

RESPONSABILITÉ ÉNERGÉTIQUE ET CLIMATOLOGIE HISTORIQUE

Nombreux historiens ont fait un constat selon lequel au début du XVIIIe siècle le charbon représentait plus de la moitié de l'énergie consommée en Grande Bretagne, essentiellement pour des usages domestiques, et presque 90 % au milieu du XIXe siècle. Mais ces chiffres ont vraisemblablement tendance à surestimer l'importance du charbon. Pour évaluer la production énergétique, les historiens multiplient la masse de charbon qui a été brûlé par la quantité d'énergie énorme qui est surtout théorique. Dans les faits, le rendement des machines à vapeur était tellement mauvais que l'essentiel de l'énergie « consommée » était en fait perdu dans l'atmosphère.

Les travaux récents sur l'histoire des énergies renouvelables (éolien, hydraulique et traction animale) montrent qu'elles ont joué un rôle primordial durant l'industrialisation. Par exemple selon l'historien américain David Nye, les trois quarts de l'énergie industrielle américaine dans les années 1870 sont d'origine hydraulique, ou encore ce sont 6 millions d'éoliennes activant autant de pompes qui, au tournant des XIXe et XXe siècles, ont permis la mise en culture du Midwest américain[42]. Selon Adam Rome, durant la Seconde Guerre mondiale et jusqu'au début des années 1950, le modèle de la maison solaire semble pouvoir s'imposer aux États-Unis[43]. En Floride et en Californie, la majorité des maisons est alors équipée des chauffe-eau solaires. Quand on constate l'importance des énergies

---

[42] David NYE, *Consuming Power. A Social History of American Energies*, Cambridge, MIT Press, 1997.

[43] Adam ROME, *The Bulldozer in the Countryside*, Cambridge University Press, 2001.

renouvelables dans l'histoire, c'est plutôt la domination contemporaine des énergies fossiles, soit 80 % du mix énergétique[44] mondial, qui devient surprenante et qu'il faut expliquer.

I. LE CHARBON, PRINCIPALE SOURCE D'ÉNERGIE DU PREMIER ÂGE INDUSTRIEL

Si l'on veut comprendre pourquoi les industriels britanniques dans les années 1830 ont fait le choix du charbon et de la machine à vapeur, il ne faut pas simplement invoquer une rationalité énergétique ou économique. Certes, le potentiel énergétique du charbon est colossal, mais il faut noter que dans les années 1830, durant le *boom* de l'industrie textile cotonnière anglaise, l'énergie hydraulique n'est pas du tout exploitée à son maximum. Surtout, il ne fait aucun doute qu'elle coûtait moins cher.

Comment expliquer dans ces conditions, le choix du charbon ? Andreas Malm[45], un historien suédois, montre que, pour continuer à exploiter l'énergie de l'eau, les industriels anglais devaient investir en commun, construire des barrages, ce qui implique une gestion collective de la ressource énergétique : quand on ouvre les vannes, il faut s'assurer que l'usine en amont laisse suffisamment d'énergie à celle qui se trouve en aval. C'est d'ailleurs le problème classique auquel sont confrontés les hommes sur toutes les rivières depuis le Moyen Âge. De même, si un industriel souhaite développer son activité et qu'il investit dans de nouvelles machines, est-il assuré d'avoir droit à une prise hydraulique importante ? Le charbon permet justement de

[44] Par « mix énergétique » on entend la répartition des énergies primaires (traction animale, éolien, hydraulique, charbon, pétrole, gaz, solaire, nucléaire) utilisées dans une société. En 2011, les énergies fossiles représentaient 80 % du bouquet énergétique mondial.
[45] Andreas MALM, *Fossil Capital. The Rise of Steam Power and the Roots of Global Warming*, Londres, Verso, 2015.

s'affranchir d'une discipline collective, il offre flexibilité et gestion individuelle de son énergie, ce qui s'accorde bien avec la mentalité capitaliste du moment.

À la même époque, le spectre de la pénurie de charbon, très présent en France ou en Grande-Bretagne à la fin du XVIIIe siècle, recule. Dans les années 1820-1830, les géologues, sous l'impulsion des théories gradualistes de Charles Lyell (1797-1875), commencent à penser la Terre comme extraordinairement ancienne, quand Buffon, à la fin du siècle précédent, avançait le chiffre de 75 000 ans. Mais si le monde est très ancien, alors les végétations luxuriantes du passé ont eu le temps de s'accumuler en épaisses couches de charbon et de préparer les conditions de la prospérité industrielle. Cette idéologie à la fois géologique et providentialiste est fondamentale, car elle permet de contourner l'économie politique malthusienne et d'envisager une croissance indéfinie de l'économie.

II. LA PÉTROLISATION DES SOCIÉTÉS OCCIDENTALES

Il convient de souligner d'abord que le pétrole ne se substitue pas au charbon. L'expression « transition énergétique » est très dangereuse et prête à confusion : si le pétrole passe devant le charbon en termes relatifs dans la seconde moitié du XXe siècle, l'utilisation du charbon n'a pas cessé de croître et on n'en a jamais brûlé qu'aujourd'hui. L'idée d'une « addition énergétique » permet d'avoir une représentation plus fidèle de l'histoire. Le point de vue est plausible, car il souligne l'immensité de la tâche qui attend l'humanité, quoique de nos jours, on met l'accent sur la « transition énergétique » comme si cela avait déjà eu lieu par le passé.

Pour le pétrole, le point intéressant est que, à énergie équivalente, il coûte constamment plus cher que le charbon. Comment expliquer alors qu'il soit passé d'un faible pourcentage du mix énergétique global dans les années 20 à 60 % dans les années 70 ?

Il faut d'abord invoquer le développement de l'automobile qui représente le principal débouché de l'industrie pétrolière. Or les historiens américains ont montré combien il s'agit là d'un choix politique encouragé par les élites conservatrices américaines : l'automobile individuelle et la maison de banlieue leur paraissent constituer les meilleurs remparts contre le communisme. En outre, dans les années 20, les deux tiers des voitures sont achetés par l'intermédiaire du crédit à la consommation qui permet de discipliner le travailleur et de résoudre le lancinant problème du *turnover* dans la grande industrie.

Pour l'Europe occidentale, les historiens anglais, dans *Carbon Democracy*, apportent une explication très intéressante. Ils font d'abord remarquer que le charbon est une filière qui requiert une main-d'œuvre importante de l'extraction au transport à tous les niveaux, ce qui rend le capitalisme industriel vulnérable aux grèves. Les syndicats de mineurs tiennent entre leurs mains l'approvisionnement énergétique de l'économie. Les avancées sociales de la fin du XIXe siècle (limitation du temps de travail, assurances sociales, suffrage universel masculin, etc.) furent, selon ces historiens, à rapporter à cette « démocratie du carbone ». À partir de là, la pétrolisation prit un sens géopolitique : les États-Unis, à travers le plan Marshall, incitaient fortement les pays d'Europe occidentale à opérer un basculement (achat de pétrole américain subventionné, investissement dans les raffineries, équipement de moteurs au fioul, etc.) afin de marginaliser un syndicalisme minier puissant, qui flirtait dangereusement avec le communisme. Aiguiller l'Europe de l'Ouest vers le pétrole, c'est un moyen pour les États-Unis de l'arrimer à leur camp. Cette lecture hyper politique des additions énergétiques permet à poser la seule question qui vaille en matière climatique : quels intérêts économiques et quelles forces géopolitiques permettront l'avènement des énergies renouvelables ?

III. CONSÉQUENCES ENVIRONNEMENTALES DE L'INDUSTRIALISATION

Il s'agit ici d'un autre aspect du projet d'historicisation de l'Anthropocène : sortir de l'idée commune qu'on ne se préoccuperait de l'environnement que depuis peu. L'entrée de l'Anthropocène au début du XIXe siècle ne s'est pas faite par inadvertance, tout au contraire. La révolution industrielle (et son cortège de pollutions) a eu lieu en dépit des conceptions médicales de l'époque. La médecine néo hippocratique (en référence au médecin grec du IVe siècle av. J.C.) pose que les « choses environnantes », ou *circomfusa* en latin, sont le déterminant essentiel de la santé. Les effluves, les miasmes, les mauvais airs, les fumées, les mauvaises odeurs de l'industrie, sont pensés comme extraordinairement dangereux. Dans les années 1800, on accuse couramment les premières usines chimiques de causer des épidémies et même la dégénérescence des corps. C'est un fait logique dans un cadre intellectuel lamarckien qui pense l'environnement comme transformant les corps, une transformation qui se transmet à la génération suivante.

IV. EFFET SUR LE CLIMAT

Ce que l'on entend par « climat », au XIXe siècle, renvoie à deux aspects différents : d'une part, comme aujourd'hui, le climat est une notion météorologique, il s'agit simplement de la moyennisation des températures et des précipitations dans une zone donnée ; de l'autre, le climat a aussi un sens médical et recoupe la notion d'environnement. De ce point de vue-là, on peut dire que l'industrialisation s'appréhende au XIXe siècle comme une menace climatique.

Si l'on se centre sur le climat météorologique, l'idée d'un changement émerge en fait bien avant l'industrialisation, dans des réflexions sur le climat de l'Amérique du Nord. Dans leurs études sur la climatologie historique, Jean-

Baptiste Fressoz et Fabien Locher affirment que les savants du XVIIe siècle s'interrogeaient sur les raisons de la différence considérable de température sur une même ligne de latitude de part et d'autre de l'Atlantique et invoquent la différence de couvert forestier[46]. L'Amérique est plus froide et humide parce que les terres n'ont pas encore été mises en valeur. L'homme agit sur le climat dans la mesure où il agit sur la forêt qui joue un rôle crucial dans le cycle de l'eau. Faut-il que cette opportunité permette de signaler que la forêt équatoriale africaine reste le deuxième poumon régulateur de l'humanité en matière de règlement climatique !

L'influence forestière est d'abord jugée positive : c'est parce qu'on a défriché pour cultiver la terre que les températures sont plus douces en France qu'au Canada. Buffon exprimait très bien cet optimisme démiurgique lorsqu'il disait, déjà en 1780, que l'humanité pourra modifier les influences du climat qu'elle habite et en fixer la température au point qui lui convient. Il faut rappeler que le naturaliste français pensait la Terre comme un morceau de Soleil arraché par la collision d'une comète. C'est une masse en fusion qui refroidit peu à peu et court inexorablement à une mort thermique. Selon lui, la déforestation permet de retarder cette issue fatale. Il ne fait aucun doute qu'à cette époque-là, Buffon végétait encore dans une croyance erronée.

V. IMPACT HUMAIN SUR LE CLIMAT : UN OBJET D'INQUIÉTUDE

À la fin du XVIIIe siècle, les bienfaits climatiques de la déforestation commencent à être sérieusement remis en question. Progressivement le changement climatique n'est

---

46 Jean-Baptiste FRESSOZ et Fabien LOCHER, L'agir humain sur le climat et la naissance de la climatologie historique, XVIIe-XVIIe siècle, *Revue d'histoire moderne et contemporaine* 2015/1 n° 62-1, pp. 48-78.

plus envisagé à travers le paradigme américain, mais à travers les problèmes du dessèchement, de l'accentuation des vents et de la rupture du cycle de l'eau. Dans les années 1820, une vision catastrophiste de l'histoire fondée sur le déboisement et la fin de brillantes civilisations orientales dont il ne reste que les ruines dans le désert achève la transition. Si Babylone a périclité, c'est parce que sa population a détruit la forêt et qu'elle a modifié le climat, engendrant sa propre dégénérescence.

La Révolution française est un tournant dans l'histoire de l'inquiétude climatique : en 1792 la question de la vente des biens forestiers du clergé nationalisés suscite un grand débat à l'Assemblée, en France. On craint que la gestion court-termiste des forêts par des paysans ou des bourgeois n'altère le climat. Sous la Restauration, la déforestation sert cette fois d'explication au refroidissement qui touche l'Europe : 1816, c'est la fameuse année « sans été » (causée en fait par l'éruption du volcan Tambora en Indonésie) qui suscite des vagues d'émigration vers les États-Unis. Les royalistes pointent du doigt la responsabilité des révolutionnaires qui ont mal géré l'environnement. Au sortir du terrible hiver 1820-1821, le ministre de l'Intérieur français de l'époque, Jérôme Siméon, diligente une grande enquête sur le lien entre la déforestation qui courait depuis trente ans et les dérèglements climatiques.

VI. INQUIÉTUDE DU CARBONE À LA FIN DU XXE SIÈCLE

Le carbone inquiète-t-il depuis la fin du XXe siècle ? La réponse est oui et non ! Oui si l'on se réfère à l'histoire un peu téléologique de la « découverte du changement climatique », celle que raconte Spencer Weart par exemple[47].

[47] S. R. WEART, *The Discovery of Global Warming*, Cambridge, Harvard University Press, 2008.

Cette histoire commence avec la formulation du principe de l'effet de serre par le physicien français Joseph Fourier (1768-1830) au début du XIXe siècle. Elle se poursuit avec les travaux du physicien anglais John Tyndall (1820-1893), puis ceux du Suédois Svante Arrhenius (prix Nobel de chimie en 1903, qui se réjouissait du réchauffement climatique) et ceux de l'ingénieur anglais Guy Stewart Callendar en 1938. Enfin, à partir des années 1960, du fait de l'essor des simulations numériques du climat, elle aboutit à la prise de conscience du problème du réchauffement. Depuis Rio, en 1992, la suite est bien connue[48].

Mais on peut aussi essayer de se replacer dans les cadres de la pensée du XIXe siècle et constater que la déforestation ou la combustion du charbon représentaient forcément pour les contemporains une altération de l'ordre naturel.

Au début du XIXe siècle, en effet, une vision chimique du monde s'impose, qui pense la Nature comme un ensemble de flux de matières reliant tous les êtres. Dieu est chimiste : une infinité de cycles maintiennent l'équilibre général du monde. L'existence de Dieu par la perfection de la Création débouche sur une immense inquiétude : l'extraordinaire subtilité des équilibres de matières, le fait, par exemple, que l'atmosphère ne contienne qu'une infime proportion de dioxyde de carbone et que de celle-ci dépende la survie du règne végétal (et donc la vie tout entière) témoigne de la fragilité de l'horloge chimique. Et c'est ainsi qu'en 1855 Eugène Huzar, dans *La fin du monde par la science*, pouvait écrire : « Dans cent ou deux cents ans le monde, étant sillonné de chemins de fer, de bateaux à vapeur, étant couvert d'usines, de fabriques, dégagera des billons de mètres cubes d'acide carbonique et d'oxyde de carbone, et comme les forêts auront été détruites, ces

[48] On peut lire à ce sujet Sandrine MALJEAN-DUBOIS et Matthieu WEMAËRE, *Cop 21 ? La diplomatie climatique de Rio (1992) à Paris (2015)*, Paris, Éditions A. Pédone, 2015, 332 pages.

centaines de billions d'acide carbonique et d'oxyde de carbone pourront bien troubler un peu l'harmonie du monde ». Cette prédiction étant certainement rationnelle, c'est plutôt en effet dans la seconde moitié du XXe siècle que la problématique du changement climatique par le réchauffement de la planète éclate au grand jour. Le responsable visé est un Technicien avéré : l'Anthropocène.

Chapitre 4.

RÉVEIL DES CONSCIENCES FACE AU PÉRIL ENVIRONNEMENTAL

I. LA TERRE (GAÏA), PLANÈTE DES ÊTRES VIVANTS

Jusqu'à la preuve du contraire, la planète Terre reste celle exclusivement occupée par les êtres vivants, comparativement aux autres planètes. Quand on évoque les êtres vivants, il ne s'agit pas seulement des hommes, mais aussi des animaux ainsi que des espèces végétales. Pour cette raison, elle se nomme Gaïa, *Ushuaïa*, *Dunia*, « Mère-Nature », la nourricière.

Dans tous les discours écologistes, la Terre se présente verte comme une orange en gestation. Dans les médias, le souci de l'environnement s'est progressivement hissé hors de pages scientifiques, bien loin de l'intérêt du grand public, pour alimenter les chroniques politiques, voire s'octroyer des espaces entièrement dédiés à la « planète ». C'est dans ces circonstances que naissent toujours les consciences sur les enjeux majeurs qu'affronte la Nature : les incendies qui ravagent la forêt et exterminent de nombreuses espèces vivantes (animales et végétales) ; les terribles catastrophes des pétroliers qui coulent dans les mers et océans et détruisent des poissons et faunes marines ; des ravins qui défigurent des écosystèmes et éliminent des ressources naturelles préexistantes, etc.

Hommes, individus ou communautés ont des racines. Ils vivent en symbiose avec d'autres êtres vivants d'un nombre incommensurable. C'est ce que signifie la biodiversité. Mais la Terre en tant que planète est considérée comme une maison. Elle est belle, certes, mais fragile. Cette fragilité s'exprime par la notion d'environnement. Par contre, faire référence à la planète, c'est se situer d'emblée dans le champ sémantique de la douceur, de l'entité vivante jusqu'à évoquer la Mère Nature des temps anciens ou des contes de fées. Dans l'imaginaire occidental, rationaliste, l'image de Gaïa est venue équilibrer la dialectique africaine opposant le spiritualisme au matérialisme, celle de Nature habitacle des esprits qui pourvoient la subsistance, d'une part, et celle d'une Nature sauvage et nourricière, source de richesses comme de dangers. D'autre part, s'agissant de l'aspect spirituel évoqué, je veux expliquer la Nature toute puissante, abritant des divinités dont il fallait apaiser les courroux pour en recevoir les bénéfices. Celle que l'on interroge lorsqu'elle fait des victimes.

De nos jours, le temps de la conquête de la Nature par l'Homme et de sa domination prométhéenne par l'intelligence et la technique est révolu. L'adéquation entre Nature et technique est inexistante. La Technique (avec T majuscule) trône sur l'environnement. L'homme se sent diminué pour devenir l'avocat de la planète ou le défenseur de l'environnement. Il en est difficile autant qu'on ne peut défendre la veuve et l'orphelin : le rapport de force est inversé.

1. De ravages à Gaïa

Aux lendemains du largage de la bombe atomique d'Hiroshima par les Américains, Albert Camus dans *Combats* s'inquiétait : « Le monde est ce qu'il est ». Ce peu de choses en dit beaucoup, peut-on bien remarquer. À cause de cette terreur déplorable, Einstein comme Oppenheimer, sont morts plus tard sans conscience tranquille[49]. La leçon d'horreur de la Seconde Guerre mondiale combinée à l'entrée dans l'âge atomique ont fortement contribué à modifier la perception et le rapport de l'humanité à son

---

[49] En mai 2016, Obarak Obama, le premier président américain à s'incliner devant le Mémorial d'Hiroshima, y a déposé une gerbe de fleurs sans présenter une moindre excuse !

environnement. La découverte de la fragilité de la planète devant les puissances déchaînées par l'homme transforme radicalement le regard porté sur les ressources et l'environnement. Il est alors impossible de dissocier cette découverte de la lumière froide projetée par le feu nucléaire sur le monde : c'est cette lumière qui permit, un matin clair d'août 1945, la prise de conscience d'une double vulnérabilité – celle des hommes et celle de leur environnement.

Les débuts de la pensée écologique sont intimement liés à la réflexion sur la technique. En 1954, l'année même où Heidegger prononce sa conférence sur « la question de la technique », Jacques Ellul publie *La technique ou l'enjeu du siècle*, et s'annonce comme un des pionniers de ce qui deviendra plus tard l'écologie politique.

La prise de conscience de la nécessité de préserver les ressources de l'humanité et de limiter l'impact de l'homme sur la planète est donc relativement récente, mais d'autant plus spectaculaire. Et elle a nourri l'imaginaire et la science-fiction. Le sentiment de la catastrophe imminente et programmée n'a jamais été aussi bien illustré dans les consciences que par ce genre littéraire trop souvent négligé comme mineur alors qu'il dévoile si bien les craintes et fantasmes des sociétés qui le consomment. Des ravages de Barjavel (1943) au personnage improbable de Gaïa, version *new age* de la planète à conscience unique et intégrée intervenant à la conclusion du cycle Fondation du grand maître Asimov, la (bonne) science-fiction nous invite à prendre conscience des apories de la pensée techniciste. Que ce soit pour y apporter la réponse d'une utopie agraire prémoderne comme la fin du roman de Barjevel où le bricoleur génial inventeur d'une machine automobile voit son œuvre immolée dans le refus rageur de recommencer l'aventure de la technique.

Si l'on en croit le dénouement du cycle d'Asimov, *Terre et Fondation*, publié en 1986, trente ans après le premier épisode, le destin de l'humanité c'est de devenir foncièrement Gaïa.

À partir des années 1950 se dessine un mouvement collectif de prise de conscience par rapport à l'épuisement des ressources et aux dégradations subies par l'environnement. C'est l'apparition d'un droit de l'environnement – soit l'application d'un instrument de défense des plus faibles à l'entité certes vivante, mais désincarnée ; ce qui a comme corollaire de penser les écosystèmes comme des victimes. Une façon de manifester des prohibitions, mettre des limites à certaines actions dont les conséquences feraient de l'homme et de la planète des « victimes » potentielles.

2. Une coopération internationale déconcertante

L'enjeu majeur, et constant, pour la défense de l'environnement en péril a été de faire comprendre aux États que la planète est la Terre de tous les hommes, quelles que soient leurs races. Il a fallu faire comprendre que sa défense exige de dépasser le réflexe national sur lequel reposent des cultures sociopolitiques modernes. Il a fallu donc impliquer d'autres acteurs : les organisations internationales.

Ainsi, la première action portée par la défense de l'environnement, c'est donc l'absolue nécessité d'une coopération internationale. Parce que depuis le XVIIe siècle l'ordre du monde repose sur la souveraineté d'États indépendants et jaloux de leur autorité sur le territoire national – et son extension maritime -, la conscience d'une communauté d'intérêt entre acteurs du système international ne s'est imposée que graduellement, et très imparfaitement, à mesure que l'urgence des mesures de conservation se faisait plus pressante. Certes, des mesures ponctuelles avaient pu déjà avoir lieu aux débuts du XXe siècle, en particulier dans le vaste territoire de puissances coloniales comme la France et la Grande-Bretagne, mais elles relevaient encore d'une approche scientiste des espèces dont la disparition était considérée comme un problème scientifique et non une mise en danger de la biodiversité.

Finalement, ce sont les baleines qui sont les bénéficiaires de la première réelle coopération mondiale en matière de défense de l'environnement – probablement parce que leur habitat océanique n'est pas associé à un territoire. L'alerte date de la fin des années 1930, mais il faudra attendre évidemment la fin de la Seconde Guerre pour que des mesures soient envisageables. En 1946 la Guerre froide n'a pas encore commencé, et même l'URSS est aussi une grande puissance baleinière, la Convention internationale pour la réglementation de la chasse à la baleine est signée et ratifiée par la quinzaine d'États souverains de l'époque. Cette convention posait les bases de la régulation internationale en matière d'environnement, conduisant progressivement un certain nombre d'États à renoncer à leur industrie baleinière, notamment la Grande Bretagne et les Pays-Bas. Elle contribua essentiellement, face au moratoire des années 1980, à atténuer les risques de disparition de l'espèce.

À côté de ces questions de conservation et de gestion des ressources, la prise de conscience environnementale doit beaucoup aux problématiques du développement. Ainsi, au début des années 1970 et avant même que la guerre de Kippour et le premier choc pétrolier ne bouleversent les certitudes économiques des pays occidentaux, s'ouvre à Stockholm le premier « Sommet de la Terre » que j'ai déjà évoqué plus haut. En pleine détente stratégique, les Nations unies, où les États du tiers-monde issus de la décolonisation sont désormais majoritaires, se réclament d'une seule terre dont tous les hommes sont héritiers. Elles relient conservation de l'environnement et question du développement économique. C'est à cette époque qu'est intervenu le fameux rapport Meadows sous la houlette du Club de Rome, dont les inquiétantes conclusions ne trouveront pas d'écho avant le rapport Stern plus de trente ans après. Cette étude menée par l'économiste Nicholas Stern et publiée en octobre 2006, montre clairement l'urgence et le coût économique de l'inaction. Première tentative pour parler de la défense de l'environnement avec le langage des comptables et non plus celui des moralistes, ses calculs affirment que 1 % du PIB mondial investi chaque année suffirait à atténuer fortement les effets du changement climatique pour éviter une récession jusqu'à 20 % du PIB mondial. Mais, comme le pire est lointain et abstrait, il ne paraît ni réel ni même possible.

Déjà en 1992, se tint à Rio de Janeiro (Brésil) le deuxième sommet de la Terre qui avait ciblé le contour du danger pour l'environnement. C'est ce sommet qui a vu naître et vulgariser la notion du « développement durable » : « capable de répondre aux besoins des générations présentes sans compromettre la capacité des générations futures à répondre aux leurs ». Ce combat de conscientisation a dû se poursuivre jusqu'à l'entrée en vigueur du protocole de Kyoto, au Japon, en 2005[50]. Ce protocole insistait beaucoup sur la façon de réduire de manière contraignante les gaz à effet de serre responsables du réchauffement climatique.

Sur les gaz à effets de serre, malgré le scepticisme militant de tous ceux qui préfèrent défendre l'industrie plutôt que l'environnement, les travaux du GIEC[51] avaient sans doute levé l'équivoque. L'augmentation du CO^2, l'un des principaux gaz à effet de serre, est principalement due à la

---

[50] À noter que ce protocole de Kyoto n'obtint ni la ratification des Etats-Unis ni celle de la Chine, deux puissances pollueuses du monde. Il faisait suite à la convention de 1997 sur les changements climatiques qui entendait établir des objectifs contraignants sur la réduction des gaz à effet de serre.

[51] Le Groupe d'experts intergouvernemental sur l'évolution du climat (GIEC en sigle) fut co-lauréat du prix Nobel en 2007 avec Al Gore, l'ancien vice-président américain. Cette structure composée des scientifiques avait pour mission de communiquer les acquis des recherches pertinentes et de poser les bases d'une gouvernance mondiale destinée à protéger la planète et ses habitants.

combustion d'énergie fossile et son niveau n'a jamais été aussi élevé depuis plus de 500 000 ans. Quant aux effets du réchauffement, il faut noter : fonte des neiges, recul des glaciers et de la banquise, augmentation d'intensité et de la fréquence des cyclones tropicaux, augmentation du niveau des océans, submersion de certaines îles et des zones habitées côtières, manque d'eau potable et pénuries alimentaires dans certaines régions, extinction de la biodiversité, etc.

L'année 1999 le Protocole de Montréal relatif à des substances qui appauvrissent la couche d'ozone donnait un modèle de structuration internationale de la lutte contre les gaz à effet de serre. Entre-temps plusieurs pays avaient déjà signé la Convention-cadre des Nations unies sur les changements climatiques (CCNUCC), en vue d'empêcher « toute perturbation anthropique dangereuse du système climatique[52] ». Ce n'est pas par un hasard si c'est en fin de compte le changement climatique qui, de Rio à Paris (COP 21 en 2015) en passant par Copenhague en 2009, a fini par imposer l'idée que la coopération internationale était incontournable.

3. À propos de la biodiversité[53]

Le déclin de la biodiversité est une réalité qui menace même l'humanité tout entière. On remarque que notre biodiversité recule progressivement à tel enseigne que l'on peut évoquer la probabilité de sa sixième extinction en masse, après les cinq survenues aux temps géologiques antérieurs. D'aucuns estiment que cette extinction aurait déjà commencé depuis l'« Anthropocène », c'est-à-dire

---

[52] Erik M. CONWAY et Naomi ORESKES, *L'effondrement de la civilisation occidentale*, Lonrai, Les liens qui libèrent, 2015, p. 16.

[53] Consulter à ce sujet : Convention sur la biodiversité (www.biodiv.org).

l'époque où l'homme est apparu et a exercé graduellement la mainmise sur la Terre.

En général, la durée de vie d'une espèce va de 1 à 10 millions d'années, selon les paléontologues. Mais avec la suprématie de l'homme (descendant d'*Homo sapiens sapiens*), cette condition est largement perturbée à tel point que certaines espèces pourraient disparaître avant les autres. Car l'être humain, en occurrence l'Homme Technicien, à force de confondre l'utilisation de la Nature et sa prédation, détruit le vivant aussi rapidement et aussi abondamment que possible. On ne doit surtout pas ignorer que la faune, la flore et les micro-organismes résistent de moins en moins aux pressions : 83 % de la surface terrestre est affectée par l'empreinte humaine. De nos jours, on estime que les taux d'extinction actuels des espèces, rapportés à ceux qui existaient aux temps géologiques anciens, sont 100 à 1 000 fois supérieurs et plus. On répertorie alors aujourd'hui environ 3,6 millions d'espèces sur la Terre.

On confirme que les menaces traditionnelles d'origine anthropique que représentent la destruction des habitats et la surexploitation, sont renforcées par les invasions biologiques, les pollutions, les bouleversements climatiques, et par l'altération des cycles biogéochimiques et la surpopulation humaine. Et selon les estimations toujours plus inquiétantes, un million d'espèces pourraient disparaître à l'horizon 2050.

4. Les maladies de l'environnement[54]

Le système hygiénique pratiqué en Occident a presque éradiqué les maladies infectieuses, qui représentaient encore 20 % des causes de mortalité il y a un siècle. À l'heure

---

[54] Consulter à ce sujet : Rapport de l'OMS sur les maladies environnementales (www.who.int/quantifying_ehimpacts/publications/preventingdisease/en/print.html).

actuelle, ces types de maladies ne sont responsables que de 2 % des décès. Par contre, les pays du Sud souffrent à la fois d'infections, d'intoxications chroniques et de manque de soins.

Les raisons de ce dysfonctionnement dans le Tiers-monde sont légion. C'est d'abord la mauvaise qualité de l'eau bue que l'on retient en premier. Celle-ci provoque des diarrhées, des dysenteries, le choléra, la typhoïde et les contaminations par des vers intestinaux (bilharziose et tricypanose). L'insalubrité, avec quantité de mares d'eau stagnante, est propice aux insectes qui transmettent des parasites aux effets graves : onchocercoses, dengue, leishmanioses, maladie de Chagas, fièvres hémorragiques telles qu'Ebola et Chikungunya, Zika, etc. À ne pas oublier, en tête, le paludisme qui tue près d'un million de personnes chaque année.

Ce qui est gravissime pourtant, c'est qu'à toutes ces menaces s'ajoutent les polluants qui se diffusent dans les sols, les aliments ou l'air. Dans les villes comme Kinshasa et Lagos, les habitants respirent des oxydes de soufre, des résidus de plomb, contrairement aux villes comme Paris, Rome et New York. Dans ces villes du Sud, des moteurs de voitures sans pots catalytiques dégagent une quantité de fumée brumeuse, diffusant dans l'atmosphère une importante vague de dioxyde de carbone pareille à celle des usines du Nord ! Partout, les modes de chauffage sans évacuation correcte des fumées (monoxyde de carbone) ainsi que la consommation de tabac favorisent des bronchites chroniques ou des emphysèmes qu'on regroupe sous l'appellation de maladies pulmonaires obstructives chroniques (MPOC). L'incidence de ces pathologies, comme celle des cancers et des maladies cardio-vasculaires, augmente.

En somme, l'environnement infecté ou intoxiqué est tenu pour responsable de 25 % des morts dans les pays en voie de développement, contre 17 % dans les pays industriels. Le nombre d'années de vie en bonne santé par habitant perdues à cause de l'environnement est quinze fois plus élevé dans les pays en voie de développement qu'au Nord[55].

Par ailleurs, l'exemple du virus Ebola est très éclairant à ce titre : la destruction de la forêt équatoriale et de surcroît, sa biodiversité, a favorisé l'apparition du virus, sa propagation ainsi que le nombre de personnes mortes ou inaptes au travail. Et l'on remarque en conséquence que les mesures de confinement ont ralenti l'activité économique dans les régions touchées et gravement perturbé les réseaux d'approvisionnement et les récoltes. En fin de compte, des millions d'Africains sont menacés par la faim. Le diagnostic indique amèrement que les bûcherons – Techniciens - munis des tronçonneuses ultramodernes, pour répondre à la demande du bois d'œuvre en Occident, déboisent la forêt équatoriale sans restriction, provoquant un important dépérissement du biotope. Conséquence : un dérèglement fâcheux du métabolisme de la biocénose. Cette entreprise utilitariste entraîne non seulement l'appauvrissement de la biodiversité dans les écosystèmes forestiers, mais la perturbation du rythme de la photosynthèse dans la vie végétale. Or, c'est cette photosynthèse qui entretient le poumon de l'humanité.

Dans les pays industrialisés, la pollution fait rage, surtout en Chine où l'on dénombre beaucoup de réfugiés de l'environnement. En Occident, plusieurs cas de décès ne sont pas uniquement dus au vieillissement, mais aux substances cancérigènes : goudrons, amiante et diverses particules fines qui induisent des cancers de poumon ; quelques cas de leucémies sont imputés au benzène et à l'oxyde d'éthylène ; les aflatoxines (champignons microscopiques des graines) déclenchent des cancers du foie ou des reins. À côté des maladies cardio-vasculaires causées par l'alimentation, le tabagisme et le stress du système, on observe dans les pays

---

[55] Lire Atlas environnement du *Monde diplomatique*, Hors-série, pp. 60-61.

du Nord une augmentation des pathologies auto-immunes (sclérose en plaque…), de l'obésité, des difficultés à procréer… Donc, ici l'industrie chimique étant en pleine croissance, la pollution à base de produits chimiques reste celle qui affecte plus tous les milieux (sols, rivières, mers et océans, sangs humains, lait maternel, etc.). La techno-science, mortifère dans ce cas d'espèce, n'est-elle pas l'apanage d'un pouvoir thanatocratique chaotique ? Une véritable tragédie à déplorer !

Deuxième partie

DESTINÉE TRAGIQUE DE LA CIVILISATION TECHNICIENNE LES DONNÉES DE LA PROSPECTIVE

Chapitre 1.

PROLÉGOMÈNES À LA CIVILISATION

I. TERMINOLOGIE

Dans mon précédent ouvrage intitulé *L'Afrique face au défi de la technoscience*[56], j'ai intensément examiné la problématique des prémices et du destin de la civilisation technicienne. Pour mieux éclaircir mes points de vue sur cette question, je reviens sur la distinction tirée des sémantiques « civilisation et civilisations ».

Depuis l'Antiquité grecque, la notion de civilisation a mis beaucoup de temps à se fixer, il a fallu attendre le siècle des Lumières pour qu'elle prenne son envol et évolue ensuite. Les encyclopédistes déterminent son apparition effective au milieu du XVIII^è^ siècle, et que cette date de naissance, qui n'a rien de fortuit, permet d'éclaircir le sort de cette notion jusqu'à nos jours[57]. Il semble qu'avant 1750, la langue française moderne disposait d'une notion confuse de l'emploi du terme "civilisation ". En tant que substantif, il ne pouvait être utilisé que dans l'expression juridique pour désigner la transformation d'une procédure, du criminel au civil[58].

Sur le plan philosophique, la civilisation désignait la façon dont on sort de la barbarie. Cette notion a mis un certain temps pour évoluer. Avant cette époque, elle signifiait d'abord l'amélioration de la condition des peuples à tous égards. Depuis XVIIIe siècle donc, on commence ainsi à distinguer entre sauvages, barbares et civilisés. Les premiers sont les peuples dits primitifs, qu'on découvre à

---

[56] MWAMBA MPUTU, Baudouin, *op. cit.*, 248 pages.

[57] M.A. BAUDOUY et R. MOUSSAY, *Civilisation contemporaine. Choix de textes*, Paris, Hatier, 1995, p. 28. Ces auteurs ont repris un texte tiré du Grand Larousse encyclopédique, tome III, 1960.

[58] *Idem.*

travers les grands voyages et les explorations. Les seconds sont les envahisseurs comme ce furent les vainqueurs de la Rome antique. Mais cette sortie de la barbarie devient alors « civilisation ». Toutefois, l'emploi de ce mot s'est considérablement modifié à partir du XIXe siècle, en plein processus de la colonisation. L'adjectif "civilisé " s'employa dans le même sens que "policé ", pour désigner un peuple qui possède et applique des lois, coutumes et mœurs éloignées de toute barbarie[59].

Sur un tout autre plan, Montesquieu, dans *l'Esprit des lois*, donne un vrai contour de ce qu'on entend par « civilisation » lorsqu'il décrit le système politique, l'essor commercial, le développement artistique des cités grecques. Dans ce cas, ce concept rime avec « société », idée reprise par ses successeurs qui entendent une collectivité possédant une organisation évoluée et des règlements précis.

1. Étymologie et sémantique actuelle

Étymologiquement, le terme civilisation vient du latin *civitas* qui signifie cité ou ville, et encore *civis*, citoyen. Dans la société romaine ancienne, l'habitant de la ville – homme libre – était tenu de respecter certains principes de politesse, de les appliquer vis-à-vis des autres, ainsi que des normes de civilité selon lesquelles il se sentait obligé d'accomplir ses devoirs et obligations publics. Être civilisé, c'est vivre dans le cadre d'une cité pourvue de lois et faisant régner la justice. Il en est de même dans la conception médiévale où christianiser et civiliser étaient presque interchangeable. En effet, le monde civilisé, le monde chrétien, l'univers catholique, apparaissait comme un monde clos possédant en totalité toutes les qualités positives[60].

---

[59] *Idem.*

[60] Jacques GRES GAYER, Barbare et civilisé d'après l'article « Instinct » du dictionnaire de Trévoux (1771), J. R. DERRE, J.

Aujourd'hui, le mot civilisation, suivant la sémantique de la philosophie des Lumières, garde encore sa connotation étymologique, surtout lorsqu'il exprime l'idée de perfection humaine intérieure. Dès lors, civilisation reste synonyme d'humanisme dans son expression la plus morale. La civilisation, c'est donc l'essor des arts, l'affranchissement par rapport à la religion.

2. Controverse entre Rousseau et Voltaire

Ici, il convient de relativiser pour comprendre pourquoi les sauvages sont distingués des barbares. Les sauvages font l'objet de deux vues distinctes. La version de Rousseau les identifie à l'innocence de l'Humanité : ils n'ont pas besoin d'être cultivés ou civilisés, un discours préromantique fait d'eux des gardiens de la Nature sinon des témoins. Ils sont dans l'état de pure Nature, une expression très courante au XVIIIe siècle. Ce qui suppose que la civilisation corrompt l'homme, qui est au départ fondamentalement bon. Une autre version, plus répandue, - celle de Voltaire - soutient que les fameux « bons sauvages » sont malheureux à cause de la faim, de la pauvreté (entendez précarité), de la dureté du climat et qu'il faudrait qu'ils deviennent « civilisés » pour pouvoir s'en sortir. C'est toute la polémique entre Voltaire et Rousseau qui se cristallisa en 1755 lors du Grand tremblement de terre à Lisbonne. Voltaire publie ses poèmes intitulés *Désastre de Lisbonne*, puis *Candide* pour s'en prendre à Pope et à Leibniz qui soutiennent que tout est bien dans le meilleur des mondes possibles. Rousseau intervient contre Voltaire, estimant que la source du mal ne peut être cherchée que dans l'homme libre, perfectionné, et partant corrompu. Pour en finir avec cette controverse, Rousseau montra que ce n'est pas la Nature qui a édifié des maisons

---

GADILLE, et compagnons, *Civilisation chrétienne. Approche d'une idéologie XVIIIe-XXe siècles*, Paris, Editions Beauchesne, 1975, p. 57.

de six à sept étages ; que si les habitants s'étaient dispersés ou logés plus légèrement, on les aurait vus indemnes le lendemain.

Mais, aussi dans sa définition classique, le terme civilisation peut être compris comme l'échelle des valeurs communes qui permet à tout homme de s'identifier à travers le temps à une pensée organisatrice dont les valeurs fondamentales de référence sont permanentes et dont l'expression de l'ensemble des formes est perpétuellement renouvelable.

Il existe une multitude d'échelles de valeurs à travers le genre humain. Elles sont différentes pour chaque groupe humain aussi bien sur le plan du fond que de la forme.

Du point de vue du fond, la civilisation se mesure d'après le degré de son évolution. Lorsqu'il est donné à l'homme ou à un groupe d'hommes tous les moyens de perception, de compréhension et d'expression de l'échelle des valeurs fondamentales et référentielles, la civilisation s'épanouit, se développe et se fait apprécier de l'extérieur. Mais lorsque ces moyens de perception, de compréhension et d'expression sont retirés à l'homme, à un groupe d'homme, la civilisation régresse.

Sur le plan de la forme, la civilisation se couvre d'une large toile culturelle qui est la représentation de la vie intellectuelle, artistique, morale et matérielle d'une société. Mais, la pensée socialiste exclut la dimension matérielle qui détruirait son raisonnement.

En général, l'usage courant du terme civilisation en dehors des réflexions philosophiques fait penser au caractère d'une société marquée par le progrès humain à travers le temps et l'espace. D'aucuns imaginent, de surcroît, que l'absence du progrès matériel consistant peut déterminer l'absence d'une civilisation. Ils sont persuadés que les objets ou les faits qui ne révèlent pas un tel progrès relèvent, non de la civilisation, mais de la Nature. Pour ceux-ci donc, naturel rime avec non-civilisé.

Certes, dans tout objet de civilisation, la matière est bien naturelle lorsqu'elle est séparée de l'homme ; dès que cette matière subit l'influence de l'homme, elle ne s'écarte forcément pas de sa naturalité. « La technique, c'est l'homme ajouté à la Nature [61] » : je crois bien que l'intervention de l'homme en tant qu'être culturel, dans la Nature suffit pour justifier le mot de civilisation.

3. Les non-civilisés dans la question coloniale

Sur le plan de l'histoire de la civilisation, le terme « non-civilisé » n'a aucune signification, car toute société humaine, quelle qu'elle soit et où qu'elle se trouve, possède nécessairement une certaine forme de civilisation, en rapport avec son milieu naturel. Un groupe humain peut être dit non-civilisé du moment qu'il se révèle incapable de produire sa propre culture. Or, chaque groupe humain quel qu'il soit et où qu'il soit, dispose d'une culture qui est la matrice même de sa civilisation. Ceci corrobore René Maunier[62] qui confirme que dans la nomenclature des peuples ou des nations, il n'existe aucune société sans culture. Et selon Maxime Laguerre, assurer qu'une civilisation est supérieure à une autre n'a aucun sens. « Chaque ethnie produit sa propre civilisation, sa propre architecture, sa propre musique, ses propres danses, sa propre cuisine, ses propres mœurs, sa propre religion, affirme-t-il[63] ». La réalité est telle que la question de l'existence du "non-civilisé " relève d'un jugement de valeur ethnocentrique : un peuple est incivilisé lorsqu'il est éloigné d'un autre, et vice versa ! La meilleure façon de juger serait de s'abstenir de toute comparaison.

---

[61] Lire aussi dans mon ouvrage *L'Afrique face au défi de la technoscience*, op. cit., pp. 124-125.

[62] René MAUNIER, *Sociologie coloniale, Tome II : Psychologie des expansions*, Paris, Domat-Monchretien, 1936, p. 74.

[63] Maxime LAGUERRE, *L'Ordre Naturel. Essai à contre-courant*, Paris, Éditions de l'Éternel retour, 1993, p. 132.

Le système de parenté africain, par exemple, si complexe soit-il, ne peut être jugé ni supérieur ni inférieur au système européen qui, lui, semble être beaucoup plus simple : le système de parenté africain est seulement autre. C'est une question de droit à la différence auquel ces deux sociétés peuvent prétendre. Un sentier sinueux dans la forêt africaine est un fait de civilisation au même titre qu'une chaussée européenne ; une maison en pisée est un fait de civilisation au même titre que le plus somptueux palais, seulement les échelles des valeurs sont différentes dans une société par rapport à une autre. Mais une hutte de castor, un nid d'oiseau, un trou à rat, par exemple, sont tenus pour des choses naturelles, si curieuses et impressionnantes soient leurs architectures. J'ai déjà tenu ce même discours dans mon livre précité.

L'œuvre des nations colonisatrices est souvent justifiée dans l'histoire comme œuvre civilisatrice. Le concept de civilisation constituait la base de l'idéologie du colonialisme. La nation colonisatrice apporterait aux peuplades « sauvages » : l'hygiène, la médecine, les hôpitaux, les écoles, le respect de la femme, etc. Or, les buts réels de la colonisation furent souvent moins désintéressés : domination et exploitation.

La colonisation, sous des alibis honorables, a eu des mobiles sordides. Le caoutchouc rouge au Congo-Kinshasa, la bataille du rail pour relier Brazzaville à l'Océan, les plantations du cacao en Côte d'Ivoire, les cotonnades de l'Inde, etc., avaient pour objectif principal l'industrialisation de l'Europe.

En Afrique, pour « bien civiliser », le colonisateur implanta deux types de colonie : colonie de peuplement et colonie d'exploitation. La colonie d'exploitation n'avait d'autre but que de fournir à l'industrie métropolitaine des matières et une clientèle. L'autochtone, appelé "indigène ", était obligé d'aspirer à un mode de vie occidental pour qu'au terme d'un processus communément appelé "assimilation ", il obtienne son intégration à la "civilisation ". Entre-temps, les infrastructures érigées ne pouvaient que servir les intérêts du colonisateur qui exportait vers la métropole tout ce qu'il pouvait exploiter.

En tout état de cause, l'introduction des modes de vie européens dans les sociétés africaines n'est pas nécessairement un progrès et un bienfait. Comme je l'ai déjà souligné dans *L'Afrique face au défi de la technoscience*[64], il n'existe pas des civilisés et des sauvages, mais il y a seulement plusieurs civilisations différentes. La civilisation européenne avait une industrie et des armes puissantes, c'est pour cela qu'elle a colonisé le monde.

Certes, on peut porter un jugement de valeur sur des éléments culturels d'une civilisation donnée, mais on ne peut pas oublier cet aspect "différentiel ". Une nuance en appelle à soutenir que l'absence ou la méconnaissance de modernité ne signifient pas forcément manque de civilisation. Voilà une anecdote satirique connue pendant la période coloniale, dans les années 40 en Afrique profonde, lorsqu'un couloir aérien a fait l'objet d'une rixe entre deux individus qui confirmaient chacun avoir vu l'aéronef survoler sa parcelle. Ce débat contradictoire causa un terrible conflit entre les deux familles jusqu'à embraser l'ensemble du village. Comble de malheur, il y eut morts d'homme. Or les occupants de l'aéronef, navigant à dix mille mètres d'altitude au-dessus du village, ignoraient totalement le drame qui s'était produit du fait de leur passage.

Une autre anecdote pittoresque, peu exubérante, raconte qu'au Congo belge, une vieille dame venue d'un village lointain se trouve en visite auprès de son fils, un habitant d'une ville moyenne. Ayant découvert la distribution d'eau courante dans la parcelle voisine, et ce, faisant défaut chez son fils, cette pauvre dame crie d'emblée à l'injustice des

[64] Baudouin MWAMBA MPUTU, *op. cit.*, p. 127.

hommes. Or, la parcelle de son fils n'était pas branchée au raccordement à l'eau potable à cause de l'étroitesse des moyens financiers qu'accusait ce dernier. Comble d'ignorance, la vieille dame croyait que l'eau du robinet jaillissait facilement du sol, qu'il fallait tout simplement procéder au simple forage du lieu, et ce serait pour elle l'unique condition facile d'accéder à l'eau !

On comprend bien que ces deux cas d'espèce ne relèvent pas de l'incivilisation, mais plutôt de l'ignorance de l'évolution de la modernité. Des situations semblables furent légion en Afrique coloniale.

Il est fort évident que toute civilisation est chancelante. À un moment donné de l'histoire, elle peut devenir l'objet des faits et comportements inconcevables, barbares et rétrogrades. Ainsi, par exemple, le servage, les bûchers de l'Inquisition, les guerres de religion, les camps de concentration, la montée de l'extrême droite, le mariage homosexuel, la parthénogenèse, ne contrastent-ils pas des formes idéales de civilisation ? Jusqu'aujourd'hui, dans la civilisation occidentale, le changement d'échelle des valeurs morales ne cesse de dévaluer l'esprit par rapport à la puissance. Mais un fait reste incontestable : la civilisation occidentale se porte à l'avant-plan de toutes les civilisations contemporaines pour sa transparence, sa souplesse et son harmonie ; elle est la seule civilisation à vocation universelle, car articulée et ouverte à tous les peuples, à toutes les races du monde.

4. Le concept de civilisation universelle

L'universalisation d'une civilisation suppose en substance un déracinement planétaire[65]. Dans son ouvrage *Le choc des civilisations*, Samuel Huntington estime que le concept de civilisation universelle est caractéristique du monde

[65] Serge LATOUCHE, *L'occidentalisation du monde*, Paris, La Découverte, 1992, p. 63.

occidental[66]. Son modèle de société rêvé en Europe dans l'historicité des générations présente aujourd'hui sa face séductrice au sein de l'humanité tout entière. Il ne s'agit plus d'une civilisation des Lumières, confinée seulement dans l'idéologie de laisser-faire, laisser-aller. Elle ne se réduit pas simplement à l'identité économique conçue par les physiocrates, et encore moins au capitalisme wébérien[67] ; elle est pluridimensionnelle. Son expansion dégage des trajectoires dans tous les sens comme un feu d'artifice.

Au cœur de cette dynamique expansionnelle se trouve l'idée de « la responsabilité de l'homme blanc » qui s'est matérialisée au XIXè siècle. A cette époque, l'idée a servi à justifier l'expansion politique occidentale et la domination économique sur les sociétés non-occidentales. C'était aussi le fardeau que s'imposait l'homme blanc lui-même.

A partir de la seconde moitié du XXè siècle, le concept de civilisation universelle a servi à justifier la domination culturelle de l'Occident sur les autres sociétés. Selon Huntington, ce concept présuppose les besoins qu'auraient les sociétés non-occidentales d'imiter les pratiques et les institutions occidentales[68]. Dans le Tiers-monde, le développement au modèle occidental devient à la fois un idéal et un impératif incontournable. L'ambition au développement s'universalise par l'aspiration au modèle de consommation occidental, à la puissance magique des Blancs, au statut lié au mode de vie[69]. L'Occident saisit l'occasion et s'approprie de bonnes recettes créées dans les différentes régions de la planète. Samuel Huntington en fait d'ailleurs cette observation : « Ce que l'Occident voit comme universel passe pour occidental[70] ». Dans tout cela, l'Occident a fini par

---

[66] Samuel P. HUNTINGTON, *op. cit.*, pp. 42-46.
[67] Serge LATOUCHE, *op. cit.*, pp. 42-46.
[68] Samuel P. HUNTINGTON, *op. cit.*, p. 67.
[69] Serge LATOUCHE, *op. cit.*, p. 27.
[70] Samuel P. HUNTINGTON, *op. cit.*, p. 68.

prouver au monde que la stratégie d'universaliser sa civilisation s'inscrit au programme de la Technique. Dès lors, l'utopisme d'une civilisation de l'universel se cristallise, l'occidentalisation s'universalise et couvre plusieurs civilisations du monde.

5. Répertoire de quelques civilisations contemporaines

Les civilisations évoluent à la manière des hommes. Elles naissent, grandissent, vieillissent et meurent. Elles se succèdent les unes aux autres. Éric Muraise, dans son livre *Testament pour un monde futur*[71], évoque Paul Valéry qui stipulait : « Nous autres civilisations savons que nous sommes mortelles ». Dans mon livre précédent, j'ai évoqué la façon dont les civilisations préhistoriques ont succédé les unes aux autres[72]. Plus bas dans le présent ouvrage, je vais m'exercer à montrer qu'il a existé dans le monde, selon les récits et différents mythes, des civilisations antédiluviennes spécifiquement célèbres par leur grandeur et leur décadence tragique.

L'histoire du monde est celle des civilisations. Dans *Le phénomène humain*, Pierre Teilhard de Chardin énumère cinq foyers reconnus dans le passé le plus lointain : « l'Amérique centrale, avec la civilisation Maya ; les mers du sud, avec la civilisation polynésienne ; le bassin du Fleuve Jaune, avec la civilisation chinoise ; les vallées du Gange et de l'Indus, avec les civilisations mogholes ; le Nil et la Mésopotamie, enfin avec l'Égypte et Sumer [73] ». L'auteur montre que les trois premiers foyers sont probablement apparus presque à la même époque, avant les

---

[71] Eric MURAISE, *Testament pour un monde futur*, Paris, Julliard, 1971, p. 55.

[72] Baudouin MWAMBA MPUTU, *op. cit.*, pp. 84-89.

[73] Pierre TEILHARD DE CHARDIN, *Le phénomène humain*, Paris, Éditions du Seuil, 1955, Réédition France Loisirs, 1990, p. 226.

deux derniers[74]. Ces affirmations corroborent en partie ce que j'ai tâché d'élucider dans mon livre évoqué.

Fernand Braudel, dans le premier tome de son monumental ouvrage *Civilisation matérielle, économie et capitalisme*, reproduit une carte dressée pour l'univers vers 1500, répartissant le monde en « 76 civilisations et cultures[75] ».

De son côté, le monde contemporain recense nombre de civilisations, les unes plus puissantes que les autres. Puissante ne veut pas dire meilleure. Il se révèle toujours difficile de faire la comparaison des civilisations à cause de l'anachronisme que l'on trouve dans l'ordre des valeurs. Les civilisations pourraient être comparées les unes aux autres si l'on pouvait déterminer un critère unique de comparaison. Or les critères susceptibles de valoriser une civilisation sont divers. Deux civilisations données ne se classent pas dans le même ordre pour tous les critères : celle qui est raffinée sur le plan du fond peut accuser une faille évidente sur le plan de la forme ; une civilisation peut être puissante dans sa forme, mais tronquée dans son fond ; de même, celle qui est faible dans sa forme se révèle souvent forte dans son fond, etc. Tenter de définir une échelle de valeurs permettant de classer les civilisations est une opération creuse et vaine.

La liberté humaine se présente comme valeur suprême dans certaines civilisations, mais engendre plusieurs déviations lorsqu'elle est mal contrôlée. L'abolition de la peine de mort dans plusieurs pays occidentaux n'a-t-elle pas accentué la criminalité ? Dans la civilisation musulmane où la *charia* est appliquée avec rigueur, des mœurs sociales sont scrupuleusement respectées. Dans les pays islamiques où l'on décrie tant l'intégrisme le plus radical, la pédophilie ou l'homosexualité comme phénomènes sociaux n'existent pas.

---

[74] *Idem.*

[75] Fernand BRAUDEL, *Civilisation matérielle, économie et capitalisme (XVè-XVIIIè siècles) : I. Les structures du quotidien*, Paris, Armand Colin, 1979, pp. 56-57.

Ayant apparu au VII^{è} siècle de notre ère, cette civilisation ne se laisse pas facilement entraîner dans les mutations sociales modernistes. De nos jours, l'islamisation a tellement essaimé qu'il devient difficile de faire une moindre distinction entre la civilisation musulmane et la civilisation arabe, et *a fortiori* la langue de l'islam est l'arabe. Par contre, la civilisation hindoue voisine, beaucoup plus ancienne, commence à sombrer dans son déclin. Or, depuis toujours, celle-ci englobait en elle une grande richesse philosophique et religieuse.

La civilisation négro-africaine a été cause d'équivoque pour les chercheurs. Contrairement aux civilisations chinoise et nipponne, elle a souffert de nombreuses amputations culturelles imputées surtout à l'invasion coloniale.

Les civilisations peuvent être groupées en ensembles et sous-ensembles. Ainsi les civilisations arabo-persiques incluses forment un sous-ensemble de la civilisation musulmane. De même, les civilisations bantoue, soudanaise et nilotique, sont incluses dans la civilisation négro-africaine. Les Bantous eux-mêmes se partagent en deux civilisations différentes, celle de la forêt et celle de la savane.

La civilisation judéo-chrétienne, qui, en réalité, est plutôt une culture qu'une civilisation au vrai sens du terme, s'inféode méticuleusement à la civilisation occidentale dont la puissance matérielle fait la plus grande civilisation du monde contemporain. Celle-ci recouvre toutes les régions ayant connu un développement matériel spectaculaire depuis la première moitié du XX^{è} siècle, surtout après la Seconde Guerre mondiale. Elle est partie des régions de l'hémisphère nord héritière du système capitaliste né des cendres du féodalisme au XII^{è} siècle. Au XVI^{è} siècle, sous l'impulsion des idées calvinistes, déterministes, la civilisation occidentale émerge constamment pour finalement se cristalliser au XVIII^{è} siècle avec la révolution industrielle. Son expansion dans le monde a été surtout marquée par la colonisation. Selon Serge Latouche[76], la civilisation occidentale est irréductible à un territoire, elle n'est pas seulement une entité religieuse, ethnique, raciale ou économique. Comme unité synthétique de ces manifestations, affirme l'auteur, l'Occident est tout simplement un phénomène de civilisation, une entité "culturelle ". Or le cheval de bataille de l'Occident est la sécularisation. Ici, la religion perd son rôle culturel et social. On assiste au mécanisme du revers de la médaille comme je l'ai mentionné dans mes travaux antérieurs : le religieux reçoit une note désacralisante pendant que le profane se coiffe d'une couronne sacralisante. Autrement dit, le phénomène religieux qui avait pris naissance dès l'origine de l'homme disparaît, succède alors le phénomène technicien fondé sur une névrose d'une lutte acharnée contre la frugalité. Dans cette société technicienne où s'installe durablement un tel amalgame, la religion disparaît effectivement et se fait remplacer par de nouveaux systèmes de pensée qui se destinent à proposer une doctrine rationnelle de la réalité absolue. Cette rationalité qui en découle et qui devient la crème de l'occidentalisme, de la modernité se met en guerre contre toutes les croyances, car seule capable de fournir un cadre d'interprétation fondateur à tous les secteurs de la culture et à toutes les formes de la vie sociale. Ce sont ces seuls nouveaux systèmes de pensée qui se doivent de concentrer leur expression dans la Technique qui, désormais, régule et ordonne le monde à la place du Dieu naturel.

Désormais, l'être humain s'éloigne de Dieu. En s'attachant à la Technique, il perd le contrôle d'une liberté qu'il a voulu lui-même se donner pour forger le monde à sa guise. En dépit de cette audace regrettable, tout lui échappe, de sa nature à son destin. Et comble de malheur, la Technique joue à l'avant-plan de la scène après avoir créé une

---

[76] Serge LATOUCHE, *L'occidentalisation du monde*, Paris, La Découverte, 1992, p. 46.

société permissive. L'être humain, étant lui-même devenu un objet technique, il ne sait plus évaluer la gravité du risque que son espèce encourt dans un système machiavélique caractérisé par l'usage effréné de la Technique : de l'usage nucléaire incontrôlé aux manipulations génétiques, du dérèglement climatique au projet transhumaniste, etc. La civilisation technicienne, à l'instar d'autres civilisations reconnues dans l'histoire des eschatologies millénaristes, ne profile-t-elle pas une apocalypse probable ?

II. UNE CIVILISATION APOCALYPTIQUE

1. Le concept d'apocalypse

Étymologiquement, le terme apocalypse dérive du mot grec *apokalupsis*, qui signifie « dévoilement » ou, dans un sens religieux, « révélation », sans que le contenu de cette révélation soit spécifié. Dans la littérature juive ou chrétienne, c'est un type de texte dans lequel Dieu, par l'intermédiaire d'un être immatériel, révèle à l'homme la réalité spirituelle du monde, inaccessible à l'expérience courante. Il annonce qu'à la fin des temps, le monde visible deviendra un champ de bataille où les puissances spirituelles du Bien, qu'il commande, s'affronteront aux puissances perverses dans une lutte sans merci pour la domination des humains.

Le récit de l'apocalypse, comme phénomène, se fait entendre dans les mythologies de toutes les sociétés humaines. Chaque culture, chaque religion a eu son idée sur la question. Chacune en a gravé sous forme de légende une version particulière. La littérature de science-fiction est assez abondante et esquisse la table rase de notre vieille planète, de notre système solaire, et même de notre galaxie. Dans la Bible, le livre de Daniel regorge des narrations de l'événement apocalyptique ; le plus célèbre récit, tel que raconté par l'apôtre Jean, relève singulièrement de la religion chrétienne. Qu'en dit l'auteur ? Des choses terribles : que, après beaucoup de cataclysmes où les « cavaliers de l'apocalypse » sèment la terreur et la famine, où les trompettes déchaînent les éléments, un ange descendra du ciel, jettera dans l'abîme et enchaîncra le dragon – Satan – pour mille ans. Ensuite viendra une période bienheureuse qui verra le règne du Christ sur terre. Mais cette accalmie ne durera pas. Après ce *millenium*, le Diable – l'Antéchrist ou la Bête – sera délivré. Il essaiera de conquérir le monde. Des fléaux ravageront la planète. Des guerres terribles auront lieu à Armageddon, lieu de la catastrophe finale. Au bout de trois ans et demi, Dieu aura le dernier mot. Satan finira carbonisé. Les morts seront jugés. Et la Nouvelle-Jérusalem, puissante et paisible, où cohabiteront Dieu et les hommes, descendra du ciel.

L'apocalypse exprime toujours l'idée de la fin du monde dans ce qu'elle a de plus effrayant. C'est un cauchemar qui hante l'humanité depuis la nuit des temps : la fin tragique du monde. En d'autres termes, il s'agit d'un concept terrifiant qui mêle feu, fléaux, épidémies, famines, inondations, tremblements de terre, etc., avec pour résultat annoncé la disparition de l'espèce humaine et l'anéantissement de la planète. Mais la fin du monde suppose qu'il a été créé : une conception créationniste. Pour les évolutionnistes, par contre, l'univers, issu d'un Big-Bang, finira tel qu'il a commencé, à la limite par une terrible explosion.

Cette idée, dans sa conception la plus classique, s'alimente d'une croyance remontant aux civilisations antiques. Pour les Grecs anciens, par exemple, qui savaient calculer, un déluge, une conflagration dévastatrice devaient se produire tous les 10.800 ans, lorsque les planètes avaient une configuration particulière.

Pour les Hindous, l'Univers oscille entre des phases de jours – où il existe – et de nuits cosmiques – où il n'existe pas – qui s'étalent sur des milliards d'années, elles-mêmes subdivisées en périodes plus ou moins heureuses. Aujourd'hui, les hommes traversent « l'âge noir », ou *Kaliguya*, qui devrait se terminer par l'extinction de toute vie.

Chez les Mayas, comme on le verra plus loin, il y a plutôt un changement de cycle. Par contre, chez les Arabes ou plutôt les Musulmans, dix signes précurseurs – le retour du Prophète, l'assombrissement du soleil, les tremblements de terre, la résurrection des morts pour le Jugement dernier, etc. – annoncent la fin des temps. Et ceux qui seront sauvés connaîtront les joies et les délices de la vie dans un monde paradisiaque où le cosmos et les hommes rencontreront Allah.

Les Juifs, eux, prévoyaient le "jour de Yahvé ", un jour de colère divine, de calamités cosmiques annonçant le retour du Messie, qui restaurerait Israël dans sa grandeur, où les morts seraient ressuscités, où naîtrait un monde de justice, de paix et d'abondance.

Pour les Négro-africains, notamment les Bantous au centre de l'Afrique et en Afrique australe, la vie n'est qu'un cycle. Mais il adviendra un jour où un tremblement de terre s'abattra sur le monde. Les bons esprits (mânes des ancêtres) construiront une nouvelle Terre où les mauvais esprits se verront transformés en animaux sauvages (la thériomorphose). Chez les Africains donc, l'homme vit en touriste sur terre. Son monde naturel sinon surnaturel se trouve dans l'Au-delà, quoiqu'ils n'arrivent pas à bien situer ce lieu de prédilection, de parousie. Mais tout de même, ces deux cosmos – l'un visible et l'autre invisible - se trouvent dans le même Univers. C'est dans ce monde invisible, celui de l'Au-delà, que reposent les âmes des ancêtres qui seront appelées à revenir un jour sur terre pour y mener une seconde vie, une troisième ou une quatrième... C'est lorsque l'individu vit correctement sur terre qu'il peut être encore choisi d'y revenir. On appelle ce phénomène : « métempsychose » (*Bime* chez les Bomboma et *Lobala* ou

Musangu et Muawuke[77] chez les Baluba du Kasaï, en République démocratique du Congo).

Dans *La philosophie bantoue*, Placide Tempels affirme que les Juifs n'avaient pas de notion précise de l'Au-delà non plus que celle de la compensation des mérites terrestres dans la vie future. Ils ne connurent l'idée de béatitude que peu de temps avant l'avènement du Christ[78]. Tempels montre surtout que chez les Bantous, les vivants et les morts vivent en synergie. Les vivants apportent de l'aide aux morts, et vice versa[79]. Et Tempels de renchérir[80] :

> Les Noirs ont cependant des idées plus philosophiques, quand ils veulent exprimer les réalités profondes. Ils disent que les aînés, les pères, conservent dans l'Au-delà leur force vitale, leur rang vital supérieur ainsi que leur influence paternisante. Ils croient que les défunts, en général, ont acquis une connaissance plus profonde des forces vitales ou naturelles.

Ainsi, les religions et les cultures prévoient, après un cataclysme dévastateur, la venue d'un Sauveur qui restaurera le monde dans sa splendeur originelle. Comme dans la philosophie négro-africaine, la lecture biblique reconnaît aussi que l'homme est un étranger sur la Terre[81].

Quant au destin de la civilisation technicienne, on ne saurait dire comment elle serait restaurée après son apocalypse. La science-fiction alimente aussi des peurs et diverses anxiétés quand on lit l'histoire de *Nostradamus*[82], ou quand

---

[77] Chez les Baluba du Kasaï, Musangu et Muawuke sont des noms attribués à la naissance aux enfants jugés revenants.

[78] Placide TEMPELS, *La philosophie bantoue*, Paris, Présence Africaine, réédition 2013, p. 44.

[79] D'où l'expression luba : *« Muntu wa moyo utu wakuila mufue »*, littéralement : Un vivant plaide en faveur du défunt.

[80] Placide TEMPELS, *ibid.*

[81] Psaume 119.

[82] Nostradamus, de son vrai nom Michel de Nostre-Dame, est né le 14 décembre 1503, à Rémy-de-Provence, en France. Après une longue

on regarde les films hollywoodiens du genre *Apocalypse now*. Le récent changement de millénaire n'avait pas moins excité l'imagination d'individus, de sectes et de peuples entiers qui s'étaient enflammés pour une rédemption cataclysmique. D'ailleurs le fameux calendrier Maya n'était pas en reste en matière de prédiction. Donc, au châtiment divin s'ajoute toujours la peur moderne de l'autodestruction. Déjà, on assiste à des suicides collectifs en guise d'anticipation.

Il sied de souligner qu'à côté du millénarisme chrétien, il y a lieu d'évoquer le néologisme de « centenialisme » pour l'islam : c'est en effet le début du calendrier musulman (commencé en 622 ap. J.C., sur la base d'une année de douze mois lunaires) qu'apparaît de manière cyclique un « rénovateur » *(mujaddid*[83]*)* de l'islam, parfois avec la prétention révolutionnaire d'être le Mahdi, littéralement « le Bien Dirigé[84] », dont la manifestation ouvre pour ses fidèles le calendrier de la fin des temps. Cependant, l'interprétation erronée du Coran pousse certains fidèles, surtout les salafistes[85], à un extrémisme cynique. Pour mériter un

---

carrière de médecin et d'astrologue, cet homme qui savait prédire l'avenir devient conseiller de plusieurs personnalités, dont la célèbre Catherine de Médicis. D'origine juive, il connut une vie tourmentée avant de trouver la mort le 2 juillet 1566. Lire à ce sujet Jean-Philippe CAMUS, « L'autre visage de Nostradamus », in *dossiers secrets de l'histoire*, n°25, Paris, éditions Didro, pp. 4-21.

[83] Ce terme « mujaddid » qui signifie « rénovateur », renvoie dans la tradition musulmane à un personnage qui apparaîtrait au début de chaque siècle pour rénover l'islam et le restaurer dans sa pureté initiale.

[84] Le Madhi (titre désignant une personne guidée par Dieu) est le sauveur attendu des musulmans, et qui devrait apparaître à la fin des temps.

[85] Les salafistes sont des fondamentalistes musulmans qui exigent un islam radical. Intégristes, ils se donnent pour mission la transformation du monde par la force et la barbarie, l'élimination des mécréants par le *djihad* (la guerre sainte).

paradis anticipatif, les enfants musulmans radicalisés et les fanatiques de l'islam se font sauter à la bombe en dégainant des ceintures bourrées d'explosifs au nom d'Allah, précipitant sciemment plusieurs innocents dans la mort. En vérité, ils commettent ces abominations non pas au nom de Dieu, mais pour « dévaloriser leur culture ». D'aucuns se demandent combien de millénaires connaîtra encore ce monde. Autant les musulmans évoquent les « signes de l'Heure[86] », autant les discours des charlatans, des scientifiques et des écologistes se succèdent.

Dès l'aube du XIXè siècle, la Nature avait déjà bien remplacé Dieu. Durant ce siècle préparé par les Lumières, le progrès devenait religion, l'optimisme régnait en maître, les idéologies remplaçaient les croyances religieuses. À cette époque, Karl Marx, avec sa théorie du communisme, assimile à sa façon l'ancien idéal du millénarisme. Un monde nouveau, juste et rationnel doit remplacer le vieux monde périmé. La Terre, quant à elle, voit sa durée de vie s'allonger.

En Afrique noire d'où je suis issu, on croit que l'humanité finira un jour, mais dans un futur très lointain, de façon naturelle au bout d'un cycle cosmique. Les Africains rejettent donc la fin des temps aux confins de l'infini[87]. Mais

---

[86] Dans le sunnisme comme dans le chiisme, la fin des temps sera annoncée par une série d'indices, désignés comme les « signes de l'Heure ». À côté de signes relativement convenus – montée du paganisme, mépris de la religion et des liens familiaux, corruption, immoralité -, d'autres indices sont plus spécifiques : les saisons seront trompeuses, le temps se contractera, les déserts seront aménagés et construits, une montagne d'or émergera de l'Euphrate, les « Roum » attaqueront les villes d'A'amaq et de Dabiq en Syrie. S'il faut interpréter ce dernier cas, ne pense-t-on pas à la terreur de Deach : Organisation État islamique ? Véritable État thanatocratique de l'époque contemporaine ayant inspiré désolation.

[87] Un proverbe luba stipule : « *Panuapa mpa mushiya wa mushiya* », ce monde appartient à la succession des générations. Lire également « Ecclésiaste 1 : 4 ».

l'idylle ne dure pas, ils se sentent aujourd'hui innocents face au drame dont ils ne sont pas responsables. Très vite, les intellectuels africains s'engagent dans la croisade techno sceptique et commencent aussi à dénoncer le progrès technique qui dégrade la planète, conduisant suivant l'analyse prospective l'humanité tout entière à une destinée calamiteuse et désastreuse.

2. Les éléments de l'analyse prospective

a) Essai de compréhension. Qu'est-ce que la prospective ?

Les encyclopédistes définissent la prospective comme étant un ensemble de recherches concernant l'évolution future de l'humanité et permettant de dégager des éléments de prévision. Le dictionnaire Robert montre qu'au XVIe siècle, le sens du mot « prospective » signifiait « optique », c'est-à-dire, ensemble de procédés permettant de voir mieux ou plus loin.

Quant à *l'Encyclopédie Littré*, « prospect » devient un terme didactique en tant que manière de regarder un objet. Mais, le verbe latin *prospicere* signifie regarder devant soi, regarder au loin ou de loin, regarder de tous côtés au loin et au large, voir loin, avoir une étendue, regarder à l'horizon, etc. Nonobstant, ce débat entre Robert et Littré ne semble pas poser une grande équivoque à cause d'une clarté limpide des lexiques. Robert donne le sens usuel du terme, tandis que Littré souligne que l'essentiel n'est pas dans le regard lui-même, mais dans la façon de regarder. Et le latin de trancher : l'indispensable clé, c'est regarder au loin ou de loin.

Par ailleurs, Encarta conclut en émettant une définition plus contemporaine, plus scientifique, soulignant qu'il s'agit d'une « discipline qui étudie les mutations du monde moderne et en prévoit les évolutions possibles sur les plans techniques, économiques et sociaux[88] ».

b) Les éléments de prévision

On a vu précédemment que la prospective constitue une manière qui consiste à regarder à la fois au loin ou de loin une situation déterminée.

Au loin, on s'efforce de conjecturer des devenirs probables à partir d'une analyse aussi rigoureuse que possible. Ici, les évolutions sont relativisées. Exemples : Un possible tsunami est imminent, car les éléphants commencent à s'exiler en montagne ; il y aura famine, car il y en a déjà eu lors des évolutions antérieures semblables, etc.

De loin, on prend en compte tous les reculs du temps, notamment le recul rétrospectif qui intègre « le passé », et le recul prospectif qui oblige à imaginer le possible ou le probable comparativement au passé. On pronostique, par exemple qu'une catastrophe est prévisible, car les sociétés antérieures avaient agi de la même manière que celles d'aujourd'hui. De même, on lit dans l'évangile que ce qui s'est produit au temps de Noé se produira le jour de l'avènement du fils de l'homme, déclarait Jésus-Christ, ayant remarqué avec regret que, sur le plan comportemental, l'humanité de l'Antiquité ressemblait à celle de la Préhistoire.

c) La prospective, une discipline scientifique

Dans une conférence à l'Université Princeton en 1936, Albert Einstein affirmait que la science nous donne la connaissance de ce qui est, mais ne nous donne pas la connaissance de ce qui va être[89]. Dans l'optique de trouver

---

[88] *Encyclopédie numérique Encarta*, 2009.

[89] Commentaires dans l'émission « Chemins de la connaissance » de mercredi 5 septembre 2016 sur Radio France-Culture à 9 heures.

un palliatif à cette difficulté est née la prospective. En tant que discipline scientifique, la prospective est une méditation prudente sur le futur. Ce caractère nuance le rapport existant entre la prospective et la futurologie qui n'est autre qu'une étude du futur de l'humanité dans plusieurs domaines. La prospective utilise les méthodes et techniques historiques permettant d'interroger toujours le passé pour comprendre le présent et présager l'avenir. La futurologie, par contre, se remet souvent à l'astrologie ou à l'art divinatoire.

La prospective est un essai d'appréhension totale de la durée, tout en se refusant à n'être qu'une des figures de l'art divinatoire ou une marque des discours prémonitoires fantaisistes dans la justification du présent. Il n'y a pas en tout cas du prophétisme ni une tentation subjective de dire le futur.

Selon André-Clément Decouflé, « la prospective n'est pas l'anticipation, mais la pause. Non la vision lointaine, mais le regard circulaire qui se promène à l'infini sur des paysages de brume et de nuit et guette leurs déchirures[90] ». L'auteur de renchérir que le temps est compagnon infidèle de la prospective parce que celle-ci ne cesse de chercher à le prendre aux pièges de la durée. Mais elle ne pratique pas pour autant, comme l'utopie, l'ignorance naïve des séquences temporelles, fut-ce au détriment de l'imagination créatrice des cités idéales et de la société technicienne d'aujourd'hui animée par le spectacle de la technoscience.

3. Technoscience, cavalière de l'apocalypse

Pour tenter de comprendre l'idée de « technoscience considérée comme cavalière de l'apocalypse », je vais tenter de résumer ainsi l'Apocalypse de Jean, dans la Bible.

---

[90] André-Clément DECOUFLÉ, *La prospective*, Paris, PUF, Que sais-je ?, 1972, p. 7.

L'agneau brise les sept sceaux qui scellent un livre. Chaque sceau libère un fléau ; les quatre premiers sont les cavaliers de l'Apocalypse (Conquête, Guerre, Famine, Mort[91]). Au septième sceau apparaissent sept anges portant chacun une trompette. À chacune de ces trompettes correspondent des destructions et des catastrophes. Un ange annonce aux hommes l'imminence du châtiment final, mais ceux-ci ne réagissent pas. Une femme accouche d'un garçon, qu'un dragon tente de dévorer. L'archange Michel et ses anges fantassins jettent le dragon sur la Terre. Celui-ci transmet son pouvoir à la Bête[92], qui, servie par un faux prophète, règne en maître et marque de son chiffre (666) tous ceux qui se soumettent à elle. L'agneau apparaît avec ses compagnons pour annoncer le Jugement dernier. Puis surviennent sept anges avec sept fléaux contenus dans sept coupes : parmi eux, la destruction du trône de la Bête, le rassemblement de la Bête, du faux prophète et du dragon à Armageddon[93], le déchaînement total des éléments et la colère de Dieu. Ensuite survient la chute de Babylone[94], et avec elle le triomphe de Dieu. Le Vrai, armé d'une épée, extermine les nations païennes. Vient alors le temps du premier jugement, puis le règne du Christ qui dure mille ans (millenium). Satan relâché séduit les nations avant d'être

---

[91] Ici, il faut comprendre que la technoscience endosse elle-même trois cavalières : la conquête, la guerre et la mort).

[92] La Bête parfois assimilée à l'antéchrist, représente l'ensemble des pays les plus industrialisés de la planète.

[93] Ce terme qui s'écrit aussi Harmagedon, signifie « montagne de Megiddo » (champ de bataille traditionnel du pays de Canaan). Ce lieu est présenté dans l'Apocalypse de Jean comme le théâtre du combat entre le Christ et les forces du mal (entendons entre Nature et technoscience).

[94] La chute de Babylone correspondrait sans doute à la fin de la civilisation technicienne.

définitivement vaincu. Le jugement dernier précède l'avènement de la Jérusalem céleste (parousie[95]).

Depuis la substitution de la Technique à la Nature, le sort de l'humanité ne semble que changer l'arme d'épaule. Les catastrophes d'origine technicienne relaient aux cataclysmes naturels. Mais, catastrophes ou cataclysmes supposent toujours un bouleversement, un désastre par renversement d'une situation. Depuis que la Technique, la science et la technoscience se sont transformées en divinité, la question de l'eschatologie[96] sinon celle de la fin du monde et son corollaire, le millénarisme[97], entrent dans la clandestinité. Le siècle des Lumières, avec son cortège de savants et de lettrés, avait déjà relancé cette vieille idée sous une autre forme. La fin du monde cesse d'être une question religieuse, elle porte désormais le masque de la contestation sociale. Elle était devenue scientifique au XVIIIè siècle. Voltaire assurait que le monde n'avait pas de fin. Buffon, après bien des expériences, affirmait que l'Univers durerait 178.000 ans ou sept millions d'années. Et qu'il finirait gelé. On

---

[95] Parousie est un terme grec signifiant « présence », « venue », associé au retour triomphal du Christ à la fin des temps. Dans un autre contexte, c'est le retour à la Nature originelle, si l'on s'en réfère à la théorie des cycles.

[96] Le terme « eschatologie » vient du grec *eschaton* (« fin »), étude des fins dernières de l'histoire. Tout ce qui est eschatologique correspond aux discours et pratiques relatifs à la fin du monde.

[97] Millénarisme est une idéologie selon laquelle le Christ doit revenir pour un règne terrestre de mille ans *(le millénium)*. Ce n'est qu'une trêve avant le combat final et la destruction de Satan, suivie du Jugement dernier. Cette doctrine, réfutée par Saint Augustin et condamnée définitivement par l'Église au Ve siècle, réapparaît néanmoins sous diverses formes au sein de l'Église catholique au XIIe siècle, et dans des courants issus de la Réforme. De nos jours, elle est devenue le cheval de bataille du prosélytisme pratiqué surtout par les Témoins de Jéhovah et dans une pléiade d'églises dites du Réveil, en Afrique et en Amérique.

étudiait, déjà, les conséquences de la rencontre d'une comète avec la Terre, celle d'un séisme ou de terribles sécheresses.

À travers la cosmogonie, la rupture dans un système naturel reste toujours liée à l'ordre de la Nature. La corrosion dont il est objet ne doit être que le résultat du dessein humain. Par contre, la rupture du système technicien ne se présente pas dans l'ordre de la rationalité qui lui a donné naissance. Le progrès technique, quelles que soient les conditions de son évolution, ne s'arrête pas. Il ressemble à une locomotive en marche, sans manettes ni freins, traînant derrière elle des wagons bien chargés, sur les rails. Le système technicien obéit aveuglément à un seul impératif : celui de fonctionner, même quand il conduit au désastre.

Dans l'histoire des catastrophes naturelles, celles-ci sont toujours accueillies avec angoisse partout où elles se produisent. Dans le monde occidental, elles excitèrent parfois les philosophes à citer Dieu à comparaître devant le tribunal des hommes. C'est ce qu'a écrit Jean-Jacques Salomon dans sa préface au livre de Patrick Lagadec : *La civilisation du risque*[98]. Selon Salomon, les uns le tiennent pour responsable du scandale du mal, les autres le lavent de tout soupçon et retournent immédiatement leur réquisitoire contre les hommes. La cause d'une catastrophe naturelle peut être imputée soit à Dieu, soit aux hommes, mais l'innocence de l'un entraînait *ipso facto* la culpabilité de l'autre.

Selon cet auteur, le tremblement de terre de Lisbonne en 1755 avait suscité un débat houleux parmi les intellectuels du siècle des Lumières : j'ai déjà montré plus haut les tenants et les aboutissants de cette discussion. Mais voici comment Victor Hugo abondait dans le même ordre d'idée : « Le dix-huitième siècle donne l'encyclopédie, la révolution donne un Moniteur. Certes, c'est là aussi une construction qui grandit et s'amoncelle en spirales sans fin ; là aussi il y a confusion des langues, activités incessantes, labeur

[98] Patrick LAGADEC, *op. cit.*, p. 8.

infatigable, concours acharné de l'humanité entière, refuge promis à l'intelligence contre un nouveau déluge, contre une submersion de barbares. C'est la seconde tour de Babel du genre humain[99] ». Dans le même sens, je dirais que tout le vingtième et le vingt et unième siècle débutant, ont vu le triomphe de la technoscience, considérée comme l'imminente « cavalière de l'apocalypse ». Car, désormais, la parthénogenèse, le péril nucléaire, la surpopulation, la désertification, la déforestation et le mitage de la couche d'ozone et tant d'autres tracas, menacent l'avenir de la planète et ses habitants. Tandis que les scientifiques ravivent les terreurs ancestrales, n'excluent pas une collision fatale entre la Terre et une comète ! Et le retour des grandes épidémies, sida en tête, la désagrégation du tissu social et la multiplication des conflits alimentent les peurs venues du fond des temps.

Il est vrai que la culture technicienne a déjà habitué les hommes à l'expérience de la mort par accident. L'homme exalte la vie tout en vivant proche de la mort. Pire encore sera la civilisation que le système technicien est en train d'étayer. Or « une civilisation qui s'avère incapable de résoudre les problèmes que suscite son fonctionnement est une civilisation décadente[100] », écrit Aimé Césaire. Elle se sait atteinte lorsqu'elle choisit de fermer les yeux sur ses problèmes les plus cruciaux. Il n'est pas moins vrai aussi que l'histoire des fins de toutes les civilisations est l'histoire des déluges. Les mythologies relatent toujours l'anéantissement des civilisations par des eaux diluviennes en provenance du ciel. Jacques Vermeylen affirme à ce sujet que le récit du déluge raconte la catastrophe collective par excel-

---

[99] Victor HUGO, *Notre-Dame de Paris*, Paris, Librairie Générale Française, 1972, p. 242.

[100] Aimé CÉSAIRE, *Discours sur le colonialisme*, Paris, Présence Africaine, 1955, p. 7.

lence, liée à la situation pécheresse de toute l'humanité[101]. En effet, toutes les versions sur le déluge convergent et l'expliquent comme phénomène destiné à exterminer l'humanité pour sa méconduite.

III. CIVILISATIONS MYTHOLOGIQUES DISPARUES

L'historien doit s'intéresser aux mythes parce qu'ils ont été toujours à la base de croyances et rites, de traditions et mœurs qui se sont perpétués de génération en génération. Ils ne sont pas des récits très anciens forgés de toutes pièces comme pensent les historiens incrédules. Les mythes et les légendes s'inspirent de la tradition orale remontant de la nuit des temps, mais souvent déformés ou dramatisés par les générations intermédiaires qui leur confèrent souvent une dimension mystique et surréaliste. Sans mythes, l'être humain n'aurait pas cru à l'existence de Dieu et ne serait qu'un athée convaincu. « Mythe plutôt que Dieu, écrit Jean-Charles Pichon, cette structure fondait une manière de vivre plutôt qu'une foi nouvelle. Ces hommes vivaient de péché[102] ».

Les mythes attestent que les hommes de l'Antiquité, quelles que soient leurs origines, leurs civilisations, leurs races, se tournaient vers les dieux et cherchaient à donner un sens à leur vie. Un mythe prend souvent naissance à partir d'un fait historique, d'un célèbre personnage ou d'un événement dont certaines caractéristiques ont été exagérées et déformées avec le temps. Et Jean-Charles Pichon d'écrire : « Les mythologues ne disent rien d'autre lorsqu'ils

---

[101] Jacques VERMEYLEN, Fatalité du mal et responsabilité morale au regard de la Bible, in Pierre WATTE et al., *Péché collectif et responsabilité*, Bruxelles, Facultés universitaires Saint Louis, 1986, p. 44.

[102] Jean-Charles PICHON, *Histoire des mythes*, Paris, Petite bibliothèque Payot, 1971, p. 31.

formulent et définissent les ''structures'' de la Durée, et les mystiques ne font rien d'autre, les sages, les saints ou les poètes, lorsqu'ils se donnent au mouvement, de Vérité, d'Amour ou de Création, qui les contient, les alimente ou les possède[103] ». La version du « déluge », par exemple, se relate dans toutes les civilisations du monde, souvent avec quelques fictions, exagérations et nuances, pour convaincre les peuples à remodeler leur comportement. Cette mission conduit à une finalité non seulement pédagogique, mais didactique. Dans cette œuvre considérable que présente Pichon, l'objectif n'est pas seulement de donner une chronologie précise des croyances de l'humanité, mais aussi de considérer son essai comme l'une des plus passionnantes hypothèses auxquelles ont abouti la recherche et l'étude des structures thématiques, depuis les antiques mythologies jusqu'au structuralisme actuel.

L'ampleur des mythes comme source historique remonte à la Grèce antique et s'est propagée à Rome. La Mésopotamie, très politisée, l'Egypte était marquée par les pratiques administratives et religieuses au détriment des mythes. Les grands historiens étaient grecs : Hérodote, Thucydide et Hésiode, pour ne citer que ces trois. Au VIIIe siècle av. J.C., l'historien Hésiode compose la « théogonie[104] », dans laquelle il expose la naissance des dieux et l'origine de l'univers en commençant par la Terre (Gaïa). Selon Hésiode, Gaïa donne naissance à Ouranos (Ciel), et le monde apparut sous l'empire des dieux. Cette version corrobore un peu une légende africaine sur l'apparition de l'humanité quoiqu'elle s'attèle à des propos inverses : le Soleil (*Diîba* en ciluba) donne le jour à la Terre (*Buloba*) et à la Lune (*Ngondo*), il y eut le jour et la nuit. C'était le commencement de l'humanité. À savoir, on sait comment

[103] *Ibid.*, p. 11.

[104] La théogonie est un récit qui relate la naissance des dieux et en expose la généalogie.

jusqu'à nos jours les Africains adressent des louanges au Soleil [105] et observent un profond respect à la première apparition de la nouvelle Lune[106]. Pendant leur prière, ils se permettent de comparer la puissance de Dieu à celle du Soleil.

Dans l'histoire universelle, divers récits sur la colère de Dieu - ou des dieux - racontent que les hommes se distinguaient souvent par des comportements pervers suscitant leur farouche indignation. D'autres récits encore, notamment la restitution qu'apporte Platon dans le drame de l'Atlantide, île fabuleuse engloutie vers 15 000 av. J.C. Le concordisme de certains mythes laisse confirmer leur véracité d'autant qu'ils trouvent un écho dans plusieurs cultures. Pour cela, on peut également penser, à l'instar de l'Atlantide, à l'épopée de Gilgamesh, aux légendes chinoises, aztèques, incas, mayas, à la lecture biblique, et aux contes négro-africains.

1. Civilisation atlante et extravagances du cristal

Les extravagances du cristal rappellent aujourd'hui les dérèglements technologiques. En fait, les Techniciens actuels partagent des traits caractéristiques avec les géants de la civilisation atlante racontés dans la mythologie gréco-latine. Dans *L'Afrique face au défi de la technoscience*[107] ,

---

[105] En dégrénant les dénominations du Dieu par la prière, les peuples luba scandent : *« Mvidimukulu Mulopo Maweja nnangila, diiba katangila cishiki, wamutangila wakuela nsese »* ; littéralement : Grand Dieu, Seigneur Yahwé bien aimé, Soleil dont on ne fixe le regard. Tu le regardes ses rayons t'éblouissent.

[106] En Afrique, on considère que si la Terre est nourricière, le Soleil protecteur, la Lune est compensatrice. À l'apparition de la nouvelle lune, les luba du Kasaï (RDC) la contemplent en disant : *« Ngondo mateketa ngebe bukole mbuanyi »* ; littéralement : « Lune soit faible pour que je sois fortifié ».

[107] Baudouin MWAMBA MPUTU, *op. cit.*, pp. 84-87.

j'ai évoqué l'histoire de l'Atlantide, ce continent légendaire qui aurait été englouti sous les eaux de l'océan Atlantique.

Selon plusieurs écrits, la révélation de l'Atlantide revient au célèbre philosophe grec Platon[108] qui relate en détail l'histoire et la destinée tragique des Atlantes dans deux de ses dialogues : *Timée* et surtout *Critias* dont le sous-titre « L'Atlantide », dans sa version française, serait dû à Léon Robin[109].

Au sujet de l'Atlantide, les écrits nous la présentent comme un grand continent ayant existé aux temps géologiques sur la planète Terre. L'acropole d'Atlantis était la capitale de l'Atlantide, de même mesure que l'Occident qui est à nos jours la technopole de l'univers technicien. Il s'agit d'une forteresse merveilleuse construite à base d'orichalque, une sorte de pierre de cristal fort mystérieuse. Les Atlantes, à l'aide de cette même pierre de cristal, sont en mesure de fabriquer d'innombrables biens. Dans leurs récits, les auteurs, comme je l'ai fait remarquer dans mon livre ci-haut évoqué, présentent les Atlantes compétents techniquement. Selon Serge Hutin, diverses organisations initiatiques posséderaient dans leurs archives secrètes des documents qui permettraient non seulement de confirmer le témoignage de Platon, tiré de ses compilations, mais qui fourniraient des compléments d'information[110]. Il affirme qu'il y aurait des révélations étonnantes sur l'extraordinaire niveau atteint par le savoir-faire des Atlantes. Ceux-ci auraient possédé des engins volants très perfectionnés, des sous-marins, des voitures découvertes, circulant comme les actuels véhicules à suspension, "sur coussin d'air ", mais dans un silence total, légèrement au-dessus du sol[111]. Ils auraient perfectionné des

---

[108] Serge HUTIN, *Hommes et civilisations fantastiques*, Paris, Éditions J'ai lu, 1970, p.66.
[109] *Idem*.
[110] *Ibid*., p. 74.
[111] *Idem*.

soucoupes volantes haut de gamme, plus performants que les aéronefs d'aujourd'hui sur le plan de la vitesse de navigation en air. Et l'auteur d'ajouter : « Les Atlantes connaissaient aussi le secret de l'utilisation destructrice de la désintégration de la matière : il est fort vraisemblable que l'effroyable cataclysme qui détruisit l'Atlantide ne fut qu'une gigantesque explosion nucléaire. Cela devrait nous donner à réfléchir[112] ».

Pour d'autres versions, il y eut des séismes violents et des inondations, et en une seule nuit et en un seul jour, l'Atlantide s'engloutit dans la mer[113].

De toutes les manières, la liberté des Atlantes leur aurait permis d'utiliser à volonté le cristal, dont ils avaient la maîtrise et d'en faire tout ce qu'ils voulaient. Il en est de même pour les Techniciens qui sont aujourd'hui capables de tout faire avec la Technique sinon la technoscience, sa fille "mystique ", dont les Techniciens ont également la maîtrise. De ce fait, le cataclysme qui aurait englouti l'Atlantide serait de même nature que celui dont la menace pèse aujourd'hui sur l'univers technicien. Il s'agit bien de ce que Patrick Lagadec appelle « risque technologique majeur », qui selon lui, est un problème nouveau et d'une extrême gravité[114]. L'auteur considère que de grandes agglomérations, de vastes zones, sont aujourd'hui sous la menace de graves destructions, contaminations, évacuations[115]. Il fait remarquer que les populations concernées pour chaque cas se comptent par centaines de milliers, voire par des millions, et signale enfin la multiplicité des causes de désastres qui restent encore mal inventoriées et peu connues[116]. De leur côté, Jean-Claude

---

[112] *Idem.*

[113] Selon les estimations de certains scientifiques, les îles de Crête, Chypre, Sicile et Malte, dans la Méditerranée, seraient les fragments présumés de l'Atlantide.

[114] Patrick LAGADEC, *op. cit.*, p. 18.

[115] *Idem.*

[116] *Idem.*

Derian et André Staropoli, évoquant la question de la Technique malveillante et inquiétante, la caractérisent comme celle dont on subit les effets sur l'environnement, celle qui cause la détérioration de la vie dans les cités, la pollution de la Nature, celle qui crée la menace d'un cataclysme nucléaire, etc[117]. La technoscience, dans sa face négative, « apparaît sous l'aspect des armes les plus terribles, des pollutions industrielles (et leurs effets de serre), des déchets, des drogues », surenchérissent ces auteurs[118]. C'est pour cette raison qu'« elle suscite les protestations des mouvements de consommateurs, les prophéties de la croissance zéro, et par-dessus tout, la peur[119] ». Ce niveau de pratique technicienne ne correspond pas moins également à la théorie économique de rendement décroissant.

Denis Saurat, dans son livre *L'Atlantide et le règne des géants*, cite également Platon, mais impute finalement la catastrophe de l'Atlantide à des causes morales : « Les hommes devinrent pervers, les dieux se mirent en colère et envoyèrent le désastre[120] ».

Toutefois, dès le XIX^{è} siècle, on était persuadé que Victor Hugo semblait renverser les rôles. Selon lui, ce sont plutôt les dieux qui se sont mal conduits. Or, à la lumière des choses, ces dieux sont de même acabit que des Techniciens, des savants fous, avec lesquels ils partagent la même conduite. Victor Hugo présente la façon dont le Satyre chante devant les Olympiens, dans un poème[121] :

---

[117] Jean-Claude DERRIAN et André STAROPOLI, *La technologie incontrôlée ? Une présentation du « Technology Assessment »*, Paris, PUF, 1975, p. 30.

[118] *Idem.*

[119] *Idem.*

[120] Denis SAURAT, *L'Atlantide et le règne des géants*, Paris, Éditions Denoël, 1954, p. 174.

[121] André MAUROIS, *Olympio ou la vie de Victor Hugo*, Paris, Hachette, 1954, p. 164.

Il dit les premiers temps, le bonheur, l'Atlantide ;
Comment la liberté devint joug, et comment
Le silence se fit sur la terre domptée.
Il ne prononça pas le nom de Prométhée ;
Mais il avait dans l'œil l'éclair du feu volé ;
Il dit l'humanité mise sous le scellé ;
Il dit tous les forfaits et toutes les misères ;
Depuis les rois peu bons jusqu'aux dieux peu sincères.
Tristes hommes, ils ont vu le ciel se fermer.
En vain, pieux, ils ont commencé par s'aimer.

Il en est de même dans la Bible : toutes les calamités restent conséquentes de la perversité humaine, elles sont amenées par elle. Le déluge de Noé ressemble bien au désastre d'Atlantis dont il est peut-être la réplique : c'est la crise des mœurs et les crimes des hommes qui déchaînent la colère de Dieu. Toutefois, la crise de l'Atlantide reste plus entendue comme phénomène lié au catastrophisme, c'est-à-dire, une simple fin d'un monde ou d'une civilisation.

2. L'épopée de Gilgamesh

Le mythe de Gilgamesh est une célèbre légende d'origine akkadienne, en Mésopotamie, présentant des événements qui se seraient produits il y a environ quatre millénaires. Cette légende a été diffusée pour la première fois dans un texte cunéiforme provenant de la bibliothèque du roi Assourbanipal[122] qui régna dans l'antique ville de Ninive. Elle raconte que les habitants d'Uruk[123], tyrannisés par leur roi Gilgamesh, commencèrent à adresser des suppliques répétitives aux dieux en se lamentant régulièrement. Les dieux, ayant exaucé leurs prières, envoya Enkidou, un être

---

[122] Le roi Assurbanipal (669-627 av. J. C.) fut le dernier grand souverain d'Assyrie. Il hérita d'un vaste royaume qui s'étendait du nord de l'Egypte à la Perse. Dès 652, il annexa à son pays l'Egypte méridionale et l'Anatolie occidentale.

[123] Uruk fut une cité sumérienne de la basse Mésopotamie (actuel Irak) sur la rive gauche de l'Euphrate.

bestial et primitif, avec pour mission, détrôner le roi Gilgamesh et délivrer le peuple d'Uruk. Après affrontement dans un véritable combat de gladiateurs, les deux protagonistes deviennent des amis inséparables. Avides de gloire et de puissance, ils vont ensemble d'exploit en exploit. Ils se détournent tous des dieux, ils combattent ensemble et réalisent plusieurs conquêtes. Un jour, ils terrassent le taureau céleste que la déesse Ishtar[124] avait envoyé contre eux par mécontentement. Les deux personnages sont alors ivres de succès, mais les dieux s'en saisissent et prononcent une sentence de mort contre Enkidou. Après la mort ce celui-ci, Gilgamesh tombe dans une forte dépression. Il est rongé par le chagrin et la tristesse. Ayant senti la pression de l'étau divin qui se resserrait autour de lui ainsi que l'imminence de sa mort, Gilgamesh part à la recherche de Outa-Napishtim, géant homme millénaire, un survivant du déluge. Ce dernier sait comment partager l'immortalité avec les dieux. Notons en passant que ce géant représente approximativement une variante de l'ogre (*cilume cikulu*, archi-vieux), acteur principal dans le conte négro-africain.

Après plusieurs pérégrinations, le roi Gilgamesh arrive enfin en présence de Outa-Napishtim. Celui-ci commence par lui raconter l'histoire du déluge. Ensuite, il lui détaille les instructions qu'il avait reçues avant le déluge : « Détruis ta maison et construis un bateau, abandonne tes biens et tes maîtresses. Rassemble à l'intérieur du bateau la semence de tous les êtres vivants…[125] » Gilgamesh se montre conciliant et docile à exécuter certaines instructions, contre sa propre volonté. Le géant lui révèle ainsi l'existence d'une plante de

---

[124] Dans les mythologies assyro-babyloniennes, Ishtar est une personnification divine de la planète Vénus ; la prostitution sacrée faisait partie de son culte. Elle fut Astarté en Phénicie, Atargatis en Syrie, Aphrodite en Grèce, Vénus à Rome, et Ashtoreth dans la Bible (1 Rois 11 : 5, 33).

[125] Les instructions de Outa-Napishtim semblent la réplique de ce que l'on peut lire dans Genèse 6 : 13-16)

jouvence d'origine aquatique qui confère la jeunesse éternelle. Il s'en empare au bout d'efforts inouïs. Comble de malheur, chemin faisant, un serpent lui dérobe sa trouvaille ! Arrivé dans sa cour, Gilgamesh se résigne à sa condition de mortel.

Voilà comment le roi d'Uruk a cherché une vie sans fin, mais ne l'a pas trouvée. Obsédé par le désir d'immortalité, il ne ressemble pas moins aux transhumanistes actuels dont l'idéologie (le transhumanisme) apparue aux États-Unis dans les années 80, revendique l'amélioration de l'humain par l'intégration de nouvelles technologies telles que des dispositifs électroniques. Et cela afin d'augmenter ses performances, lui donner une longévité accrue, voire l'immortalité. Ce mouvement, soutenu par les géants américains de la *high-tech* - Google en tête - est en train de prendre racine en Europe et peut-être se propager partout dans le monde d'ici quelques années. Cette société technicienne obnubilée par l'obsession de l'immortalité investit – on verra plus loin – des colossales sommes d'argent dans le but de réaliser un tel charlatanisme dangereux. En tout cas, l'humain immortel n'est pas l'objectif de la vie, la nature de l'homme se traduit par l'existence d'une vie et celle d'une mort. C'est toute la différence entre le « normal » et le pathologique, raison pour laquelle, j'émets mon ferme positionnement contre le transhumanisme qui est un projet à prohiber.

3. Les récits du catastrophisme dans d'autres cultures

Le catastrophisme est un courant d'idées s'appuyant sur le thème de l'apocalypse ou de la fin du monde, causée par exemple par des événements écologiques, climatiques ou nucléaires. Il vise notamment à mettre en garde contre ces futurs possibles et à trouver des solutions pour s'en prémunir.

Pour appréhender les tenants et les aboutissants du catastrophisme, un mouvement scientifique dénommé *disaster studies*, né aux États-Unis dans le champ de la sociologie et de la psychologie avec la Guerre froide, et financé par les pouvoirs publics, se donne pour but d'étudier les réactions des foules à une catastrophe, afin d'orienter leur conduite dans le sens voulu par les autorités.

Parmi tous les écrits d'origine sumérienne connus jusqu'à ces jours, le mythe de Ziousoudra offre le parallèle le plus fidèle et le plus frappant avec le récit biblique. Faut-il penser que les civilisations babylonienne et assyrienne portent l'empreinte de Sumer, qui les a précédées ?

En Chine, un mythe vulgarisé dans un livre par l'Américain Joseph Campbell[126] raconte que dans la chine antique, l'Empereur Yu eut la réputation de vainqueur des Grandes eaux. Cet exploit lui facilitait la canalisation des eaux du déluge dans les fleuves et dans les mers, ce qui permit à son peuple de revenir sur ses terres. Et dans son récit, Campbell évoque la « Période des dix Empereurs » de la Chine antique comme suit : « À cette ère importante qui s'acheva par un déluge, la mythologie primitive de l'époque Zhou rattache dix Empereurs. Il ne fait aucun doute que nous ayons affaire à une adaptation locale de l'ancienne liste des rois de Sumer[127] ». Dans son livre, Campbell poursuit en énumérant d'autres particularités des légendes chinoises qui paraissent accréditer la thèse d'une origine mésopotamienne. Ce constat ramène à l'idée que nombre de mythes partagent une origine commune. L'histoire de l'apocalypse diluvienne est également attestée sur le continent américain, d'abord au Mexique des XVe et XVIe siècles, à l'époque des Aztèques.

---

[126] Joseph CAMPBELL, *La Chine. Une histoire de l'art*, Paris, Nouveaux Horizons, 1972.
[127] *Ibid.*, p. 37

L'« Encyclopédie illustrée de la mythologie[128] » dépeint quatre mondes qui se sont succédé chez les Aztèques. Durant le premier, la terre était habitée par des géants (une réminiscence des Néphilim cités dans la Bible[129]). Les légendes aztèques faisaient état d'un déluge primordial au cours duquel les eaux d'en haut se mêlèrent à celles d'en bas ; elles firent disparaître l'horizon et engloutirent tout dans un océan cosmique intemporel. Le dieu Tlaloc, qui régnait sur la pluie et sur l'eau, ne donnait pas pour autant la pluie à bon compte. Il l'accordait en effet en échange du sang des victimes qu'on lui sacrifiait, dont les larmes simuleraient et, par là même stimulerait la chute de la pluie. Il y a eu succession de deux autres mondes ayant apparu et disparu dans les mêmes conditions. Mais la légende rapporte que le quatrième monde était gouverné par la déesse de l'eau - Chalchiuhtlicue, équivalent de Poséidon en Grèce, Neptune à Rome – dont l'univers fut englouti par une inondation. Les hommes en échappèrent en se transformant en poissons.

On remarque que les récits d'un déluge sont généralement la caractéristique la plus constante des mythes de l'Amérique du Sud. Les Incas ont entretenu également plusieurs légendes du catastrophisme.

Les mythes diluviens sont aussi répandus, tant parmi les peuples des régions montagneuses que chez les tribus des plaines tropicales. Le déluge est généralement associé à la création et à une manifestation des dieux. Il est souvent considéré comme un châtiment divin, destiné à effacer un monde d'humains et à préparer la venue d'une nouvelle race. À l'instar des Juifs hébraïques et certains Négro-africains, les Incas du Mexique avaient leur version d'un déluge

---

[128] *Encyclopédie illustrée de la mythologie*, Paris, Éd. Payot, 1982, p. 371.

[129] Genèse 6 : 4.

prenant la forme d'une inondation universelle appelée *Haiyocab*, terme qui signifie « eau sur la terre ».

Par ailleurs, en ce qui concerne les Mayas, peuple à civilisation établie en Amérique centrale de 1800 av. J.C. à 1521 ap. J.C, le monde a déjà connu quatre cycles de destructions et de recréations, chacun s'achevant par un cataclysme et la mort du soleil [130]. En se basant sur leurs inscriptions monumentales et leurs manuscrits cosmologiques, établis à partir de connaissances astronomiques extrêmement précises, des adeptes de la mouvance *New Age* avaient prophétisé la fin d'un cinquième cycle le 21 décembre 2012. Un oracle qui s'est diffusé dans le monde entier. Mais ce jour-là, comme à l'accoutumée, on a assisté au lever et au coucher du soleil.

---

[130] Rappelons-nous l'épisode de l'album Tintin, élaboré par Hergé : « Tintin en Amérique », lorsque ce jeune reporter, condamné à mort pour espionnage par les Incas, mais acquitté d'emblée quand il leur démontre astucieusement son pouvoir d'éloigner une imminente éclipse solaire dangereux !

Chapitre 2.

LECTURE BIBLIQUE
ET RÉMINISCENCES ACTUELLES

I. LES TEMPS APOCALYPTIQUES D'OBÉDIENCE BIBLIQUE

De toute manière, les analogies de ce que représente une civilisation apocalyptique sont légion dans le contexte biblique pour supputer les réactions divines devant les perversions du peuple d'Israël.

1. L'époque noéienne et sa civilisation permissive

Puisque les théosophes admettent que le courant apocalyptique est un phénomène cyclique, il me serait convaincant d'attirer le lecteur à la relecture de l'histoire du patriarche biblique Noé indépendamment de celle de l'Atlantide que je viens de décrire ci-haut. Si l'épisode de l'Atlantide est singulièrement dominé par l'utilisation démesurée du Cristal, le temps de Noé s'illustre dans les antivaleurs (libertinage, péché, idolâtrie, etc.) La civilisation technicienne – technolâtre - présente les mêmes vices que ceux qui avaient rongé la civilisation noéienne (idolâtre) : injustice, individualisme, indifférence, égoïsme, meurtre, etc. En voici d'ailleurs une poésie[131] :

> Le mal avait filtré dans les hommes. Par où ?
> Par idole ; par l'âpre ouverture que creuse
> Un culte affreux dans l'âme humaine ténébreuse
> Ces temps noirs adoraient le spectre Isis Lilith.
> Alors Noé, suivi des siens, entra dans l'Arche,
> Et Dieu pensif poussa du dehors le verrou.

[131] Denis SAURAT, *op. cit.*, p. 176.

Selon la version biblique, Noé était un homme juste et intègre[132]. Son époque fut dominée par la négation de Dieu et l'attachement inconditionnel aux idoles, c'est-à-dire l'adoption de conceptions matérialistes. Il s'agissait donc d'une société permissive et chrématistique, dominée par la recherche du bonheur matériel sans limite. La civilisation technicienne inverse de la même façon les valeurs, transgresse la morale et défie la Nature. En comparaison, on remarque que l'hédonisme et l'agnosticisme caractérisent sans doute les deux époques. D'ailleurs, un récit biblique semble confirmer cette analogie lorsqu'il énonce[133] :

> Ce qui arriva du temps de Noé arrivera de même à l'avènement du Fils de l'homme. Car dans les jours qui précédèrent le déluge, les hommes mangeaient et buvaient, se mariaient et mariaient leurs enfants, jusqu'au jour où Noé entra dans l'arche ; et ils ne se doutèrent de rien, jusqu'à ce que le déluge vienne et les emporte tous : il en sera de même à l'avènement du Fils de l'homme.

À ce sujet l'objectivité scientifique me pousse à rechercher une précision. Pour faire monter à bord de son arche deux représentants de chaque espèce dans l'intervalle de vingt-quatre heures mentionné par la Bible, Noé aurait dû embarquer 460 organismes à la seconde. Et il aurait dû résoudre le problème des milliers de tonnes d'urine, bouse, fiente, crotte et autres excréments éjectés chaque jour. Mais il eut été difficile aux dinosaures, à cause de leur monstruosité, d'obtenir leurs cartes d'embarquement à bord ; ce qui, par hypothèse, pourrait expliquer leur disparition !

La civilisation technicienne semble ne pas être loin de cette situation. Pour l'illustrer à l'aide d'une représentation semblable à la catastrophe de la civilisation noéienne, il suffit d'évoquer le drame de Titanic, ce gigantesque bateau

---

[132] Genèse 6 : 9.

[133] Matthieu 24 : 37-39.

qui, le 4 avril 1912, a connu le naufrage le plus célèbre de l'histoire contemporaine.

Ville flottante, massive et ronflante, le Titanic peut être comparé à un tentacule de la révolution technicienne dès ses débuts. En fait, ce paquebot fabuleux, insubmersible, représentait la gloire et la puissance de l'Empire britannique. Tous les curieux admirateurs imaginaient qu'aucun océan ne pouvait vaincre ce paquebot superbement équipé : chambres de luxe, bar et *dancing*, restaurant, bibliothèque, parc exotique, salle de sport, tennis, piscine, petit golf, terrain de basket, etc. Tout est disponible pour n'importe quelle croisière. Mais cette cité fantastique, rendue encore plus belle par ses nombreux luminaires, faisait la traversée de l'Atlantique lorsqu'elle se heurta de nuit contre un immense iceberg au large de la Terre-Neuve. Selon Philippe Masson[134], des milliers de passagers périrent dans cet accident, emportés au fond de l'océan ; seulement quelques centaines de rescapés débarquèrent à New York, quelques jours plus tard. La catastrophe de Titanic peut être considérée comme une image prémonitoire, un symbole de la faillite de la civilisation technicienne et de sa croyance aveugle dans le progrès technique.

Dans notre monde actuel, les préludes d'un cataclysme d'origine diluvienne se sont déjà manifestés. Il faut noter ces terribles inondations qui ne cessent de ravager certaines contrées d'Europe[135] et d'Amérique du Nord ces dernières

---

[134] Philippe MASSON, Titanic, *Le dossier du naufrage*, Paris, Tallandier, 1992, 312 pages. Le cinéaste britannique James Cameron prit le relais en réalisant la scène du Titanic dans un film émotionnel à gros budget, utilisant les techniques de trucage et les effets spéciaux les plus novateurs.

[135] En Europe, l'agriculture intense et l'urbanisation dense, de longue durée, ont de plus en plus ramené la nappe phréatique à la surface du sol, provoquant des graves inondations pluviales. Cette inquiétante situation commence à se produire également dans certains territoires

années, dues au tassement du sol par l'outrance des infrastructures économiques et au relèvement du niveau de la mer du fait de la prolifération des érosions, pour lesquels il conviendrait de prendre en compte le réchauffement de la planète.

2. L'époque babélienne et la traque de Dieu

Pour une civilisation avec risque de cataclysme, la dégénérescence peut être le signe annonciateur de la catastrophe. Le génocide des Juifs (la Shoa), était le prélude de la Seconde Guerre mondiale et autant le génocide des Tutsi au Rwanda avait présagé la Guerre du coltan dans la Région des Grands Lacs est-africains. Dans tout cela, on y trouve les faiseurs des guerres et les innocents. Les sept millions des Congolais qui ont péri dans la guerre de l'Est n'avaient pas participé aux massacres des Tutsi, et pourtant ils en ont été victimes. Les hommes peuvent devenir méchants et cannibales parce que la destruction de leur civilisation les plonge dans la terreur et le besoin.

Cependant, le mythe babylonien est plus une question de foi que de moral. Dans les luttes des dieux grecs contre les géants, estime Denis Saurat, on ne voit guère d'argument éthique[136]. Les Babéliens, par excès de zèle, trouvaient bon de faire à leur tête. Par émulation, ils tenaient à ce que leurs connaissances soient égales à celle de Dieu. Car l'homme n'est pas satisfait de lui-même ni de sa terre. Dans leurs ambitions démesurées, ces Babéliens veulent à tout prix ressembler à Dieu. Ils utilisent leurs connaissances techniques. Ils en font l'usage dans la construction de la grande tour dont l'objectif est d'atteindre la demeure de Dieu au ciel.

---

américains et dans quelques régions d'Asie orientale. Elle sera encore pire avant la fin de la première moitié du XXIe siècle.

[136] Denis SAURAT, *op.cit.*, p. 176.

La Technique est utilisée par l'homme pour découvrir le mystère de la vie jadis domaine réservé à son Créateur. Le décryptage du génome, les manipulations génétiques des espèces vivantes, de la plante à l'homme, les dons d'organes, etc., ne suffiraient-elles pas à provoquer la colère de Dieu autant qu'elle s'est manifestée sur la Tour de Babel ? Cet énorme édifice [137] connut un effondrement brutal, causant un cataclysme sans précédent en Babylonie, centre du monde à cette époque préhistorique.

Dans la Bible, le livre de la Genèse[138] nous suggère une vision de l'avenir de la société technicienne avec cette curieuse histoire de la Tour de Babel. À partir de ce qu'il advint des descendants de Noé après le déluge, nous pouvons imaginer une suite à l'effondrement de la civilisation technicienne. Tout le mystère de ce récit biblique tient en cette formule des hommes de l'époque, formule sur laquelle se base leur unité d'action, formule qui résume toute leur ambition : faisons-nous un nom, devenons Babéliens, avec une langue commune, avec l'objectif d'investir le secret de la puissance de Dieu.

De nos jours, la nation babélienne ressemble à la Nation technicienne, son origine commune (le capitalisme), son unique idéal (le mondialisme), son identité uniforme (le technicisme), une langue (l'anglais). Ayant développé une technologie de pointe aussi bien dans les NTIC, dans le génie génétique que dans la technologie nucléaire, les nouveaux Babéliens, unifiés par le langage numérique – informatique - où l'anglais reste prédominant, se sont rassemblé en Occident, la nouvelle Babylonie. Tout laisse entrevoir

---

[137] La Tour de Babel mesurait 7 fois plus que la Tour Burj Khalifa, à Dubaï, actuellement la plus haute du monde avec 828 mètres. Le chiffre 7 précité représente les Sept Merveilles du monde connues dans l'histoire de l'Antiquité.

[138] Genèse 11 : 1-9.

qu'ils y construisent une grande Tour[139]. L'objectif de la société technicienne babélienne se doit d'atteindre le niveau le plus élevé dans la maîtrise de la Nature et de la matière, tel fut aussi le cas des Babéliens bibliques.

3. Sodome et Gomorrhe où le règne de l'anomie

L'histoire de l'anéantissement de Sodome et Gomorrhe par un incendie divin fournit une autre métaphore permettant d'exprimer ma vision de l'avenir de la civilisation technicienne. Une certaine littérature [140] raconte que le voyageur qui s'égarait à Gomorrhe était hébergé ; il y avait même un lit réservé à cet usage. Mais le voyageur était étrangement traité : on lui raccourcissait les jambes si elles dépassaient du lit, ou on les lui étirait si lui-même était trop petit. Contrairement à ce qu'on pourrait penser, ce qui rendait ce comportement épouvantable n'en était pas le sadisme, fréquent par ailleurs lors des détroussements de voyageurs ou d'étrangers, ou les invasions des territoires voisins. Le péché de Gomorrhe, au contraire, est ici caractérisé par son aspect collectif: il s'agit d'un péché mental. L'objectif n'est pas de faire souffrir le voyageur, mais, comble d'horreur, à l'inverse, d'effectuer parfaitement l'hébergement du voyageur, de rendre totale l'adéquation voyageur-hébergement. Rien ne devait dépasser. Et donc, si le voyageur était plus petit que le lit, comme il fallait que tout corresponde à ce qui était prévu, on étirait de force les jambes et les pieds de l'étranger jusqu'à ce qu'ils atteignent la dimension du lit. Le résultat recherché était la perfection. Les Techniciens d'aujourd'hui sont aussi à la recherche de

[139] Le 11 septembre 2001, Oussama Ben Laden aurait commis une maladresse regrettable de s'attaquer aux tours jumelles de New York en ayant confondu les critères d'une véritable Tour de Babel, causant un millier de victimes innocentes.

[140] Jacques LAFFITTE, Le péché de Gomorrhe ou la tentation intégriste, in *Études*, novembre 1996, pp. 507-517.

cette même perfection. Ainsi décrit, le péché de Gomorrhe n'a aucune commune mesure avec celui de Sodome. L'univers de Gomorrhe reste hédoniste, tel le monde de la mode, de la photographie, de la publicité, de la télévision, du voyage.

En sociologie générale, toute déviance est considérée comme une antivaleur. Si en médecine l'anémie déprécie la sève sanguine jusqu'à fragiliser le corps humain, en sociologie l'anomie perturbe la sève morale jusqu'à détériorer le corps social. Le terme de Sodome évoque toutes les formes de perversion humaine liées aux mœurs, et surtout au sexe[141]. La société sodomienne est caractéristique d'un monde aux valeurs inversées, sans pudeur, au sein duquel le labeur cède aux besoins de jouissance. Il en est de même pour la civilisation technicienne lorsque Herbert Marcuse, dans son livre *Éros et civilisation*, écrit : « La civilisation industrielle a transformé l'organisme en un instrument toujours plus sensible, plus différencié, plus malléable, et elle a créé une richesse sociale assez large pour transformer cet instrument en une fin en soi[142] ». Il va sans dire que le progrès technique et la richesse des nations détournent les hommes des bonnes mœurs et les dotent des mauvaises. La débauche, le crime et la pédophilie sont enracinés dans la société technicienne. Le modernisme technicien rend possible un changement qualitatif des besoins humains, mais crée surtout des besoins superflus.

Selon la Bible donc, les peuples de Sodome et Gomorrhe, pour s'être entièrement voués aux mœurs perverses et crapuleuses, furent victimes d'une pluie de soufre[143]. Dans ce récit, l'on se souviendra que la femme de Lot fut métamorphosée en bloc de sel à cause de son exaltation

---

[141] Genèse 13 : 13.

[142] Herbert MARCUSE, *Éros et civilisation. Contribution à Freud*, Paris, Éditions de Minuit, 1963, p. 88.

[143] Genèse 19 : 24-25 ; Romains 1 : 24-26.

inconditionnelle des antivaleurs. On notera aussi que les rares rescapés, Lot et ses filles, iront de Charybde en Scylla, puisqu'ils tomberont dans l'inceste, ce qui ne semble guère émouvoir le rédacteur biblique. Dans le même sens, une sévère mise en garde serait émise à l'adresse de la civilisation technicienne lorsque, dans Luc 10 : 12, il est écrit : « Je vous dis qu'en ce jour Sodome sera traitée moins rigoureusement que cette ville-là ».

4. Gog et Magog : une civilisation thanatocratique

La civilisation technicienne représente une société de létalité. Il s'agit d'une société à haut risque parce qu'elle évolue dans un système suicidaire. La question du nucléaire en est une signification symbolique. Cette dernière est souvent centrée sur sa dimension énergétique, permettant d'occulter une autre qui en est thanatocratique, et qui ressemble beaucoup plus à la situation des nations des quatre coins de la Terre, c'est-à-dire Gog et Magog, lorsque Satan déchaîné, les aurait rassemblées en vue d'une guerre globale et foudroyante qu'il s'est donné de mener dans le monde entier[144].

Mais, l'utilisation militaire de la technoscience ne se limite pas aux armes atomiques : il y a aussi les armes biologiques, d'une très grande nocivité également. L'emploi civil de ces techniques introduit - à côté des risques de radioactivité liés aux centrales nucléaires - ceux qui sont suscités par l'industrie chimique. L'énergie nucléaire n'est pas seule à être dangereuse. Elle est symbolique, car elle concentre la dangerosité de la société technicienne énergétique au-delà de toute mesure. Je dois affirmer que son usage constitue un eugénisme écologique, bien qu'il n'ait pas de rapport avec le domaine médical.

---

[144] Apocalypse 20 : 8.

La thanatocratie est le pouvoir de la mort. La techno-science, en tant qu'organe qui l'exerce ressemble bien au diable qui détient à la fois le secret de la Providence et la maîtrise de la foudre. C'est dans ce dernier cas qu'elle s'identifie au *Thanatos*, dieu qui donne la mort. Dans cette maîtrise de la foudre nucléaire, il n'y a pas seulement les risques liés à la survie sociale. La société technicienne énergétique a d'autres caractéristiques qui trouvent leur expression symbolique dans l'énergie nucléaire.

D'abord, il y a une économie de puissance. Cela vaut centralement pour l'énergie nucléaire. Celui qui possède l'atome dispose de la puissance. La puissance de la société énergétique-nucléaire se concentre dans des espaces de plus en plus réduits. Le reste de la société dépend de ces concentrations et vit en fonction d'elles. Cela signifie aussi que la puissance se trouve concentrée dans les mains de quelques-uns. C'est une puissance économique et, partant politique. Ainsi la technologie nucléaire – aussi à usage civil – devient une arme de domination, même et également là où elle est exportée.

Quoi qu'il en soit, civil, le nucléaire tourmente ; militaire, il terrorise. Et le plus grand danger tient à son éventuelle prolifération.

Tout en étant une économie de puissance, la société technicienne énergétique présente les caractères d'une économie fragile. Après la découverte en 1896 de la radioactivité naturelle, transformation d'un noyau d'atome d'uranium au cours de laquelle ce dernier émet un rayonnement, le progrès scientifique conduit dans les années 30 à la découverte et à la réalisation de la radioactivité artificielle et à la fission des noyaux d'atomes, celle-ci dégageant une grande quantité d'énergie. En 1945, les Etats-Unis utilisent à des fins militaires l'énergie nucléaire et font exploser une bombe atomique à Hiroshima et à Nagasaki, au Japon, provoquant plusieurs centaines de milliers de morts et laissant des survivants contaminés.

L'accident de Tchernobyl en Ukraine en 1986, puis celui de Fukushima au Japon en 2011, démontrent avec gravité que la foudre nucléaire représente un phénomène apocalyptique pour l'humanité. Nous y reviendrons plus bas.

Sur le plan militaire à l'heure actuelle, à l'instar de grandes puissances nucléaires mieux connues, de nombreux pays en développement en disposent également (Chine, Inde, Corée du Nord, Pakistan, etc.), et bientôt peut-être l'Iran[145], ennemie jurée d'Israël. Dans cette prolifération, le club jadis fermé des puissances détentrices de l'arme de dissuasion s'élargit lentement. La possession de la bombe atomique par les nations de Gog et Magog, conduit, certes, à l'équilibre de la terreur, mais accroît surtout la menace d'un éventuel embrasement nucléaire qui pèse sur notre planète. C'est aussi l'avis de Jacques Attali qui, dans son livre intitulé *Économie de l'apocalypse*, affirme : « En réalité, aucun des dirigeants d'aucune des cinq puissances nucléaires n'envisagera jamais sérieusement de se priver de ce privilège qui leur a été conféré par un accident de l'histoire [146] ». Et dans les régions du monde les plus sensibles, comme au Proche et au Moyen Orient, l'actualité prendrait une dimension tout autre si l'un des belligérants agitait la menace du feu nucléaire. Osons imaginer la suite des événements, car là, le pire se produirait à coup sûr.

En tout cas, il est inévitable que l'humanité utilise un jour la bombe atomique et se détruise elle-même. Quelque part dans l'espace, les débris radioactifs de la planète Terre en suspension se mettront à tourner indéfiniment et inutilement,

---

[145] Imaginons ensemble la gravité de la menace qui pèsera sur le monde quand tous ces pays dits à tort ou à raison "voyous", disposeront chacun d'une bombe atomique !

[146] Jacques ATTALI, *L'économie de l'apocalypse. Trafic et prolifération nucléaire*, Paris, Fayard, 1995, p. 103.

ou bien cette planète déserte continuera sa rotation dans l'espace, sans vie et sans but, comme la planète Mars[147].

II. L'ACOSMISME FACE AUX DANGERS RÉELS

Par définition, l'acosmisme exprime toute tendance à récuser la réalité globale du fini changeant, à récuser la réalité du mal, à contester la réalité du hasard et à banaliser l'imminence du danger.

Selon le philosophe Michaël Foessel[148], l'acosmisme n'est autre chose qu'une simple privation du monde. Dans ses analyses, ce jeune professeur à l'École polytechnique montre que le phénomène acosmique n'apparaît pas dans le domaine de l'histoire, mais dans le domaine social. Par tous les moyens, il cherche à convaincre que les croyances apocalyptiques sont généralement – pour le dire vite – des « croyances de pauvres ».

En définissant ce qu'il entend par « catastrophisme », il explique la catastrophe comme un concept censé éclairer la société sur le présent. Ceci n'a pas de sens, car c'est une manière de nommer l'avenir. La catastrophe est donc symétrique et opposée à la notion moderne de « progrès ». Et lorsque l'avenir n'est pas prometteur, il prend la dimension de l'ennemi.

Nombre de sociologues se sont ensuite demandé pourquoi cette idée, cet imaginaire du catastrophisme se

---

[147] Les premières images télévisées prises par un robot américain ayant "atterri" sur la planète Mars en juillet 1997 présentaient un sol entièrement bombardé par les rayons ultraviolets. Depuis cette période, la NASA continue d'expédier d'autres sondes dans notre système solaire et dans la galaxie pour y découvrir la planète qui pourra remplacer laTerre à l'approche de l'époque où elle sera également calcinée.

[148] Michaël FOESSEL, *Après la fin du monde. Critique de la raison apocalyptique*, Paris, Seuil, 2013.

retrouvait essentiellement au sein des classes les plus défavorisées. La réponse, résumée rapidement est la suivante : ce sont des individus, des communautés, qui entretiennent le rapport le plus chaotique au temps social. Cela signifie qu'ils n'ont pas d'emploi du temps rythmant leur existence de manière à peu près prévisible. Ils vivent au jour le jour, sans projet durable. Ils vivent donc déjà le temps comme une catastrophe, un désordre permanent.

Autrement dit, dans l'acosmisme, on envisage beaucoup plus facilement – voire, on espère – la disparition du monde lorsque le monde que l'on habite est effondré, sans consistance ni direction. Selon Foessel, c'est à ce type de catastrophe sociale qu'il faut trouver une solution, plutôt qu'à l'image plus ou moins fantasmée d'une apocalypse de type biblique. Ici, je pense que ce philosophe berce dans les intentions négationnistes par rapport à la réalité historique.

Dans leurs réflexions sur l'avenir de la civilisation occidentale, les collapsologues Erik M. Conway et Naomi Oreskes montrent que « les scientifiques occidentaux avaient fondé leur culture intellectuelle sur un postulat : croire à quelque chose qui n'existe pas est pire que ne pas croire à quelque chose qui existe[149] ». Bien avant, Naomi Oreskes soutenait dans un livre que l'humanité a affaire aux « Marchants de doute » pour stigmatiser le négationnisme qu'alimentent sans cesse les Techniciens incrédules. Or ces deux penseurs dénoncent déjà cette incapacité de penser le monde de manière systématique. Ils estiment que l'aveuglement des gouvernants acquis à l'idéologie néo-libérale et la puissance des lobbys provoquent l'anéantissement de l'ordre naturel.

De nos jours, par exemple, la question du nucléaire civil place tout le monde dans l'indifférence au grand dam des petits peuples occidentaux, voire ceux de l'ensemble de la planète. Il y a quelques décennies, le monde découvre avec

[149] Erik M. CONWAY et Naomi ORESKES, *op. cit.*, p. 33.

Tchernobyl un accident nucléaire inégalé dont on paie encore le prix aujourd'hui. Il y a quelques années également, la catastrophe de Fukushima montrait que même les pays les plus affûtés dans la technologie de pointe n'étaient pas à l'abri de l'atome. Au-delà du coût humain et environnemental, le nucléaire a un coût financier exorbitant. Suivant les statistiques[150], il se livre à plus de 1000 milliards de dollars pour quelques pays de l'ancienne URSS (Ukraine, Biélorussie et Russie). Plus de 1500 milliards pour le Japon…

Malgré les promesses faites par les autorités politiques de certaines grandes puissances pour en finir avec la prolifération des centrales nucléaires dans leurs pays respectifs, le monde compte 438 réacteurs en activité, une soixantaine en construction. On se demande alors comment réaliser la transition énergétique en menant en même temps une lutte contre le réchauffement climatique. Or, vouloir éliminer le nucléaire, c'est accroître les énergies fossiles responsables du réchauffement. Mais il existe un autre moyen de ne pas émettre de gaz à effet de serre sans pour autant puiser dans une énergie non renouvelable : arrêter d'utiliser les énergies fossiles et promouvoir le Mix énergétique. Or les énergies éoliennes et solaires ne suffisent pas face à la demande industrielle globale. Pendant que les pays occidentaux s'interrogent sur la place de l'atome, les grands émergents misent sur cette énergie. La société technicienne évolue donc « de Charybde en Sylla ».

Ces acosmistes oublient déloyalement le dérèglement climatique de ces dernières années partout dans le monde. L'été 2003 que j'ai moi-même passé en Europe ressemblait au feu infernal : une vague record de chaleur et d'incendies ravageait la France, une canicule mortelle atteignant l'extrême pic d'ozone, et l'année suivante, des inondations

---

150 Christian LOSSON, Tchernobyl, l'heure des comptes, in *Libération*, Mardi 26 avril 2016.

massives surtout dans le Sud, avaient englouti les habitats. J'ai assisté moi-même à des années sans hiver. Si on revient au tristement célèbre été de 2003, il a causé des victimes et des dégâts importants : les vieillards dans leurs asiles, les morts d'animaux d'élevage et de compagnie. Qu'en sera-t-il alors en 2050 et en 2100 ?

Chapitre 3.

LES TERREURS MILLÉNARISTES

I. LES ANGOISSES DE L'AN MIL

En Europe médiévale, les peuples christianisés à outrance espéraient au retour du Christ. Les écrits historiques, pourtant prompts à enregistrer les situations exceptionnelles (catastrophes naturelles, famines, guerres et insurrections), faisaient le cas de la millième année de l'Incarnation. « Il revient bientôt ! Il revient bientôt » demeurait la seule expression de ralliement. Et à supposer que l'on ait attendu avec angoisse l'An Mil, seule une élite (ecclésiastique) savait en calculer la date, dans un but liturgique ou juridique (datation des chartes dans les chancelleries). On croyait que l'An mil serait marqué par une grande activité eschatologique : le retour de Jésus, la résurrection des morts et leur jugement, l'emprisonnement du Satan pour Mil an à venir. Le jour de Pâques qui tombait le 31 mars en l'An Mil, en France, constate un auteur[151], mobile, certes, mais ressemblait aux autres…, et aucune nuée n'était descendue du ciel.

L'absence de terreurs collectives ne signifie pas que certains n'ont pas éprouvé un sentiment diffus de l'approche de la fin du monde aux alentours de l'An Mil. Des textes l'évoquaient certainement et il convenait d'en prendre la mesure. En 1033, on crut à la fatalité, car la période correspondait aux années de l'incarnation du Christ et sa passion. Il n'en fut rien. Mais, qu'est-ce qui a pu faire naître une telle angoisse dans les populations médiévales ? Cette agitation trouvait une grande partie de son fondement dans la Bible, plus précisément dans le livre de l'Apocalypse de Jean, où la survivance de la pensée judaïque est très forte.

---

[151] Jacques BERLIOZ, Les terreurs de l'An Mil ont-elles vraiment existé ?, in *L'Histoire*, novembre 1990, p. 16.

En effet, selon l'*Apocalypse* (20 : 1-14), le royaume messianique doit durer mille ans ; puis Satan reparaîtra pour peu de temps et sera détruit. Alors les morts sortiront de leurs tombeaux pour être jugés et un nouvel univers de gloire sera créé pour les élus. Ce millénarisme, très vivace dans le christianisme des premiers siècles fut réfuté par les théologiens grecs[152]. Au début du Ve siècle, Saint Augustin dans « Cité de Dieu[153] », l'interpréta comme une allégorie spirituelle. Pour lui, donc, mille signifiait un grand nombre ; il rappela les mots de l'Évangile de Marc (13 : 32) :

> « Pour ce qui est du jour ou de l'heure, personne ne le sait, ni les anges dans le ciel, ni le Fils, mais le Père seul ».

En 431, le concile d'Éphèse condamne la conception littérale du *millenium*. L'Église devait désormais insister sur la parousie, le Jugement dernier[154]. À la fin du Xe siècle, l'intérêt accentué pour l'Apocalypse devient manifeste et se traduit par la diffusion importante de *Commentaires*, issus de la reforme carolingienne. Le plus célèbre d'entre eux, selon H. Focillon[155], est celui de Beatus de Liébana qui le composa en 776 et dont certains manuscrits furent illustrés à la fin du siècle précité. Pour Focillon, « ces miniatures mozarabes présentent un saisissant tableau des derniers jours du monde[156] ».

À cette époque reculée, en effet, les témoignages sur la recrudescence de la doctrine millénariste justifiant la fin du monde, sont rares, mais ils existaient dans une moindre mesure. Entre 940 et 950, certaines chartes du Sud de la France reprennent des formules du VIIe siècle, oubliées

---

152 *Idem.*
153 Cité de Dieu, XX, 7.
154 J. LE GOFF, Millénarisme, *Encyclopaedia universalis*, 2, 1971, pp. 30-32.
155 H. FOCILLON, *L'An Mil*, Paris, Éd. Denoël, , 1984, pp. 45-47.
156 *Idem*, p. 47.

depuis un siècle, qui évoquaient l'approche de la fin du monde. Du reste, les inquiétudes sont légion, surtout en France, alimentées des polémiques parfois houleuses. En 954, par exemple, Adson, un moine français de Champagne, se faisant rassurant, compose un *Petit Traité sur l'Antéchrist* : pour lui, la fin des temps ne surviendrait pas avant que les royaumes de **ce** monde soient séparés de l'Empire dont ils font partie intégrante. De son côté, Abbon, abbé de Fleury-sur-Loire, rapporta en 998 un souvenir de jeunesse datant de 960. « À propos de la fin du monde, estimait-il, j'entendis prêcher au peuple dans une église à Paris que l'Antéchrist viendrait à la fin de l'An Mil et que le Jugement général (dernier) suivrait de peu. Je combattis vigoureusement cette opinion en m'appuyant sur les Évangiles, l'Apocalypse et le livre de Daniel[157] ».

L'abbé Abbon relate également une rumeur de la fin du monde répandue en Lorraine. Mais pour lui, la question semble close, car il n'insiste pas sur des mouvements identiques qui pourraient avoir lieu en ce moment-là, c'est-à-dire deux ans avant la date fatidique.

Comment alors ne pas y croire ? À cette époque, la nature se fait hostile : des pluies diluviennes s'abattent en 987 ; en 990, le printemps est trop sec à travers toute l'Europe, l'été brûlant et l'automne malsain. En 998, on enregistre de nouvelles intempéries. Une crise climatique durable s'installe entre 998 et 1003. Deux famines exceptionnelles (où seront atteints des sommets d'atrocité, avec l'apparition du cannibalisme) eurent lieu en 1005-1006 et 1032-1033. Dans ce marasme éprouvant, on peut aussi signaler des catastrophes naturelles comme le séisme terrifiant de l'An Mil.

Ce constat vient corroborer le témoignage du moine Raoul Glaber (le chauve). Vers 1048, ce moine lettré, après

---

[157] Cité par Georges DUBY, *L'An Mil*, Paris, Gallimard-Julliard, 1980, pp. 36-37.

une vie errante, chassé de bien des monastères, achève cinq livres d'Histoire traitant de l'histoire du monde depuis le début du Xe siècle. Pour lui l'An Mil est une date importante. Et à la fin du deuxième livre, après avoir évoqué catastrophes naturelles, hérésies (« vers la fin de l'An Mil ») et autres calamités, il écrit : « Ces signes concordent avec la prophétie de Jean, selon laquelle Satan sera déchaîné après mille ans accomplis. Nous parlerons de cela plus longuement dans le troisième livre[158] ».

Mais si dans ce livre foisonnent les événements tragiques (et d'autres, plus radieux), il n'est question ni de Satan ni d'éventuelles terreurs. Au début du livre IV, Raoul écrit : « Mais après les nombreux signes et prodiges qui, soit avant, soit après, cependant aux alentours de l'An Mil du Seigneur Jésus-Christ, se produisirent dans le monde, il ne manqua pas d'hommes ingénieux et d'esprit pénétrant pour en prédire de non moins considérables à l'approche du millénaire de la passion du Seigneur ; ce qui se produisit en effet avec évidence[159] ».

En effet, selon un grand nombre d'historiens, l'année 1033 fut marquée des catastrophes de tout genre : des pluies diluviennes, une terrible famine, une sorcellerie persistante, la peste faisant surface, etc. Et Raoul Glaber de surenchérir : « On croyait que l'ordonnance des saisons et des éléments, qui avait régné depuis le commencement sur les siècles passés, était retournée pour toujours au chaos, et que c'était la fin du genre humain[160] ».

Quoi qu'il en soit, ces témoignages historiques ne prouvent en tout cas pas l'existence de terreurs collectives ou d'un millénarisme exacerbé, même s'il est loisible d'y voir la trace d'une réelle tension eschatologique ayant trait aux fins des temps. Mais il a fallu quatre siècles pour que

---

[158] Cité par Jacques BERLIOZ, *op. cit.*, p. 17.

[159] *Ibid.*, p. 18.

[160] *Idem.*

l'histoire fasse basculer l'humanité dans un nouvel âge : « Temps Modernes ».

II. LES TRAUMATISMES DES TEMPS PRÉSENTS

Si à l'époque médiévale les grandes terreurs étaient liées à la foi, aux Temps modernes, elles ont dû momentanément disparaître pour refaire surface à l'époque contemporaine, suscitées par le développement accru des sciences et techniques. En tout cas ni la hantise de la fin du monde, ni la peste noire, ni la sorcellerie grimaçante, etc., n'effraient plus les hommes de la Renaissance, période inaugurant les Temps Modernes. Aujourd'hui, sans doute, les traumatismes importants sont liés à la technoscience. De quoi donc ont-ils peur nos contemporains ?

Désormais, on croit que les cieux tomberaient sur la tête des hommes et qu'ils ne verraient pas nécessairement la manifestation d'une colère divine. Certes, cette croyance rétrograde persiste encore en Afrique où pullulent considérablement des « vendeurs de foi » et leurs naïfs croyants. On les connaît de trop et on parle tant de ce qui les suscite.

Dans le monde d'aujourd'hui, des inquiétudes assaillent l'Occident et l'humanité tout entière, et ces peurs sont loin de perdre leur dose d'irrationnel. En effet, toutes ces peurs se justifient, car on ne connaît réellement ce à quoi elles riment d'autant plus qu'elles proviennent des activités diverses : le nucléaire, les manipulations génétiques, la pollution, le terrorisme ou les fanatismes, le chômage sans cesse croissant, etc. Voilà les principaux phénomènes qui alimentent les grandes angoisses d'aujourd'hui et de demain.

On a eu peur de l'an 2000 à cause de deux guerres atroces ayant entraîné l'humanité dans une terreur sans précédent. Après ces deux guerres mondiales (1914-1918 et 1939-1945), l'humanité est restée traumatisée par ce sentiment d'insécurité confus et déstabilisant.

Si ces peurs s'inscrivent dans la continuité, c'est parce qu'au Moyen Âge, les Européens étaient croyants, liés à la foi, et aujourd'hui ils sont profanes, liés à la technoscience. Et en étant croyants autrefois, ils apprivoisaient leur peur à l'aide de rosaires, des pèlerinages, et surtout en construisant des cathédrales somptueuses. La maçonnerie [161] et la mécanique étaient la marque de leurs connaissances. Mais aujourd'hui, si l'humanité a peur, c'est le fait des inconséquences de la civilisation technicienne. Ce fait suscite le chagrin de Philippe Roqueplo, directeur de recherche au CNRS : « Nous sommes sortis du siècle des Lumières. La trilogie Science-Progrès-Humanité bute sur ses contradictions. Les climats se modifient, les eaux sont souillées, l'atome menace. Il ne s'agit plus de maîtriser la Nature, mais de maîtriser notre maîtrise de la Nature[162] ».

J'ai plus d'une fois déjà évoqué la question du nucléaire, par exemple. Il y a en tout cas grand frisson. On sait certaines choses, mais pas vraiment. L'appréhension s'accroît d'autant. L'incertitude incline toujours à penser au pire. La catastrophe de Tchernobyl telle que je l'ai soulignée plus haut, a été perçue comme l'Harmaguedôn de la Bible, cette hécatombe sans survivant. Nul n'ignore comment elle suscita d'inquiétudes dans le monde, surtout en Europe. À tort ou à raison ? On se souvient qu'au moment de l'accident, les pouvoirs publics européens, surtout en France et en Allemagne, n'avaient pas été exempts bien qu'ils s'en offusquaient du soupçon de négligence. Dans leur course aux informations sur les taux de radiation atteints dans la région, les médias s'étaient heurtés à des informations souvent contradictoires. En dépit de cela, on s'inquiète moins aujourd'hui du parc nucléaire européen, et on cherche

---

[161] La Franc-maçonnerie en tant que corporation et ordre mystique trouve son inspiration à cette époque médiévale.

[162] Ph. ROQUEPLO, *Penser la technique : pour une démocratie concrète*, Paris, Éditions du Seuil, 1983, p. 79.

le diable ailleurs. Il existera toujours des physiciens pour arguer de la vulnérabilité des centrales soviétiques, des manipulations acrobatiques constatées à Tchernobyl ou à Fukushima, et des manquements en chaîne aux normes de sécurité. L'angoisse, sourde, n'est jamais complètement dissipée. Le sera-t-elle lorsqu'on construira des centrales sous terre et que les déchets seront satellisés ?

À l'instar du nucléaire, il existe des angoisses raisonnées qui se posent en termes scientifiques parfaitement rigoureux. En matière de biodiversité, par exemple, nous assistons à la disparition de certaines espèces animales et végétales, preuve suffisante que l'espèce humaine pourrait également disparaître un jour. À plus forte raison le rouleau compresseur technicien se déploie entre-temps et l'environnement paie chèrement une industrialisation débridée. L'effet de serre, dû à l'augmentation du dioxyde de carbone dans l'atmosphère suscite la crainte la plus remarquable en l'état actuel des observations… J'y reviendrai avec obstination !

Et comme j'avais insisté dans *L'Afrique face au défi de la technoscience*[163], les grandes inquiétudes portent sur les fissures de la couche d'ozone censée nous protéger des rayons ultra-violets, l'augmentation du niveau des océans suite à la fonte des glaces polaires, et les pluies acides qui dévastent toutes les forêts du monde, principalement les forêts amazoniennes et congolaises : poumon de la planète. Le déboisement effréné de ces forêts constitue également une grande menace portée sur l'ensemble d'écosystèmes. Voilà, en partie, des résultats issus des marques de déviances qui caractérisent la civilisation technicienne.

---

[163] Baudouin MWAMBA MPUTU, *op. cit.*, p. 187.

Chapitre 4.

LES DÉVIANCES CARACTÉRISTIQUES DE L'HOMME OCCIDENTAL

J'ai déjà souligné ci-haut que le modernisme technicien rend possible un changement qualitatif des besoins humains en créant surtout des besoins superflus. Très souvent, la civilisation technicienne fait appel à ces besoins anodins et psychologiquement pervers tirés de la culture occidentale qui est sa matrice. Ces besoins sont le reflet d'un épouvantable comportement que l'on décèle à partir de quatre principaux facteurs dont la compréhension dépasse un peu mon entendement. Ces quatre facteurs sont : l'anomie, le snobisme, le psychisme, le cynisme, l'utilitarisme et la mégalomanie.

I. L'ANOMIE

Le concept d'anomie, forgé par le sociologue Émile Durkheim en 1960, définit les effets de dérèglement social liés aux conflits existants entre valeurs et normes dans un contexte donné[164]. On constate donc une perte d'impact, de puissance, d'efficacité, des règles sociales qui guident les comportements des individus ou groupes d'individus. Il s'agit d'un phénomène par lequel les structures sociales engendrent des conditions dans lesquelles l'infraction au code de la société constitue une réponse « normale », qui peut prendre la forme de la déviance individuelle ou de la contestation collective[165]. Dans ce cas, les individus ou groupes d'individus déploient un certain nombre de possibilités informelles dans l'objectif d'atteindre des buts

[164] Gustave-Nicolas FISCHER, *Les concepts fondamentaux de la psychologie sociale*, Paris, Dunod, 1996, p. 88.
[165] *Ibid.*, p. 89.

définis. L'usine qui fabrique les armes, par exemple, en voulant augmenter sa productivité, attire les faiseurs de guerre dans le monde ; les proxénètes trafiquent les femmes dans l'intention de réaliser un grand chiffre d'affaires, mais les mœurs sociales sont perverties et les maladies sexuelles se propagent dans la société ; le biologiste qui manipule les gènes, avec l'espoir de trouver les nouveaux moyens thérapeutiques, introduit parfois des nouvelles épidémies dans la société ; le transsexuel qui, au nom de la « théorie du genre[166] », abandonne son sexe pour se faire implanter un sexe qu'il n'avait pas à sa naissance ; l'épicurien s'intéresse à la technomédecine[167] pour vivre le plus longtemps possible, etc. À cette allure, il n'est pas étonnant qu'un jour, les virus informatiques quittent le domaine du numérique pour envahir le corps humain et s'installer dans les cellules biologiques !

Tous ces individus ou groupes d'individus responsables ne se rendent-ils pas compte que leurs activités seraient aux antipodes de l'exigence éthique ?

Dans ce cas pourtant on ne saurait prétendre qu'ils jouissent d'une pleine liberté ! Agir contre ses propres valeurs, c'est réellement être esclave, l'esclave des mobiles qui déterminent le groupe social alors même que celui-ci les condamne. Mais, la théorie traditionaliste ne se contente pas d'accorder au coupable le discernement ; elle lui reconnaît le libre arbitre qui est dans les cas précédents la décision – réellement gratuite et absurde – de se détourner de ses valeurs préférées pour opter paradoxalement en faveur de mobiles reconnus méprisables !

---

[166] La théorie du genre stipule qu'on est homme ou femme, non par nature, mais par l'orientation que l'on donne soi-même à son sexe.

[167] Lire à ce sujet l'ouvrage de Luc FERRY, *La révolution transhumaniste. Comment la technomédecine et l'uberisation du monde vont bouleverser nos vies*, Paris, Plon, 2016, 275 pages.

II. LE SNOBISME

On remarque d'abord que dans le monde occidental, les individus séduits par les théories malthusiennes, refusent d'enfanter et préfèrent l'adoption animale. Sous prétexte "d'écologie profonde ", l'animal domestique se fait admettre au cœur même du foyer conjugal où se manifeste une certaine zoophilie irraisonnée et qui, de plus en plus, diminue le besoin de maternité et le sentiment naturel de paternité. Les conclusions d'une enquête présentées à la télévision française révélaient que sur 40 % de Français qui domestiquent des animaux de compagnie, 15 % les considèrent comme leurs propres enfants. En 1993, Luc Ferry indiquait le chiffre de 35 millions d'animaux domestiques en France[168], dont 10 millions de chiens et 7,5 millions de chats auxquels leurs propriétaires consacrent, en soins divers, un budget de 30 milliards de francs, soit l'équivalent d'environ 4.600.000.000 € chaque année[169]. L'auteur reconnaît qu'au demeurant, ce chiffre ne cesse de progresser pendant que les enfants des hommes souffrent lamentablement de la malnutrition dans des pays du Tiers-monde[170]. Les parcs exotiques sont quotidiennement ravitaillés d'assiettes d'aliments pour la ration des animaux et oiseaux sauvages. L'ironie du sort est que les cliniques vétérinaires se modernisent de plus en plus en Occident, tandis qu'en Afrique, les centres de santé

---

[168] À Los Angeles, en Californie (USA), les animaux de compagnie sont traités comme des petits princes : des magasins pour eux, des taxis pour chiens et chats, une brigade policière (police des animaux) commises à leur protection avec caméras de surveillance à l'appui. En cas d'infraction, le récalcitrant est verbalisé et il écope une amende minimum de 80 $, selon la gravité de la maltraitance.

[169] Luc FERRY, L'héritage du cartésianisme et l'approche française de la nature. Le cas du droit des animaux, Dominique BOURG, *Les sentiments de la nature*, Paris, La Découverte, 1993, p. 215.

[170] De nos jours, racheter un enfant noir esclave au Darfour coûte environ 50 $ US aux organismes des droits de l'homme.

primaire destinés aux populations humaines manquent souvent d'équipements les plus rudimentaires. Pour ces animaux de compagnie, des services de traitement médical spécialisé sont installés : une chirurgie, une “pédiatrie “ pour les chatons et les chiots, une gynécologie pour les chattes et les chiennes, un service des urgences doté d'ambulances. Il y a également dans cette litanie des salons de bains, de coiffure et de manucure-pédicure, sans oublier l'habillement adapté à leurs carrures. Au foyer, ces animaux se logent dans des chambres et se couchent sur les lits à la place des litières.

Cette considération complaisante déguisée en amour a curieusement fait apparaître des cimetières d'animaux, leur sécurité sociale (assurance maladie) et surtout des centres de scanner, de *dog-sitter* (l'équivalent de *baby-sitter*), de kinésithérapie, de balnéothérapie, et de psychothérapie[171]. Ces animaux, jadis classés selon leurs races, portent désormais des noms personnels et des cartes d'identité avec numéro de tatouage ; il ne reste que leur enregistrement à l'office d'état civil. Ils reçoivent des implants de nanopuces aux oreilles pour bien communiquer avec leurs propriétaires ! Mascarade et snobisme mêlés. Un monde contre nature, certes, où l'on trouve également l'organisation des manifestations canines ressemblant aux jeux de rôle, mais comble de malheurs, des crottes semblables aux pâtes de chocolat jonchent les pistes piétonnes à la manière des peaux de bananes sur les sentiers d'Afrique. Tous ces éjections et excréments anatomiques de ces bêtes de compagne n'en rendent pas moins les voies de passage insalubres, impraticables, en dépit de la rigueur reconnue des services de salubrité et d'assainissement environnemental dans certains pays équipés comme la France.

[171] On peut lire le dossier d'Éric CONAN consacré à ce sujet dans *L'Express* du 19-25 janvier 1993.

III. LE PSYCHISME

En Occident, le cœur de la civilisation technicienne, une réelle perturbation du système naturel trouve sa manifestation dans l'identité individuelle de l'homme. Cette identité n'est plus authentique, mais elle devient un choix commandé par un ensemble des phénomènes de la vie mentale des individus au psychisme doublement perturbé par la psychose et la névrose. Il s'agit d'une organisation mentale d'un être dans son subconscient. L'homme croit lui-même être en ordre, mais il vit en désordre. À cet effet, on voit par exemple les androgynes et les hermaphrodites qui, dans leur tête, surgissent et se mobilisent derrière des principes démocratiques pour justifier librement leurs choix en matière d'état civil. Ceux-ci récusent le principe selon lequel « Dieu créa l'homme… il les créa l'homme et la femme ». Ils brandissent des pancartes de droits de l'homme et des banderoles de libertés individuelles : « mariage pour tous ». En guise de cette revendication, ils marchent à travers les artères urbaines et décrochent finalement du pouvoir public la reconnaissance du mariage homosexuel. Les personnes mâles, ayant récusé leur masculinité, invoquent la technoscience à laquelle elles font appel, et finissent curieusement par recouvrer un sexe féminin artificiel ; pour ce cas d'espèce, la technoscience vient d'introduire une chirurgie transsexuelle qui a déjà permis à plusieurs individus de se doter du sexe de leur choix à l'âge adulte. Par injection hormonale et intervention chirurgicale, le patient se métamorphose complètement en homme ou en femme, suivant l'orientation de l'opération faite. Il s'agit en réalité de la « transsexualité médicalement assistée ». L'absurdité s'installe tellement qu'il apparaît un troisième sexe dans le genre humain. Et pour justifier cette pratique paranoïaque, les Techniciens brandissent l'étrange théorie du genre comme prétexte en guise de principe scientifiquement admissible. Or, la tension qui provient du fait qu'on est homme ou femme remonte à l'origine de l'humanité.

IV. LE CYNISME

Le cynisme occidental est fondé sur l'idée selon laquelle l'efficacité précède la morale, une sorte de machiavélisme social qui se manifeste par l'absence de scrupules. Dans la civilisation technicienne, des valeurs sont pour la plupart inversées. Un exemple : le sexe cesse d'être un organe humain disposant de fonctions naturellement données, il devient un produit commercial destiné à approvisionner le marché de la prostitution sous ses différentes formes. Partant, l'industrie du sexe tourne à plein : des *sex shops* se multiplient en lieu et place des boutiques à chandelles. Il y a aussi des *sex mess*, des *sex kino*, ouverts au public désireux de satisfaire différents besoins liés au sexe.

Dans les mégalopoles occidentales, le culte de l'orgasme succède au culte de Mammon et devient la passion primordiale des jeunes et adultes. Les annonces d'accouplement font des affaires des journaux et réseaux sociaux. Dans cette société, des filières de proxénétisme[172] ressemblent presque aux circuits de la traite négrière à l'époque du commerce triangulaire. Dans ce monde cynique, on installe des marchés de femmes importées des pays du Tiers-monde pour approvisionner régulièrement des rues et des "maisons closes " occidentales. Comme du temps de l'esclavage, les proxénètes venus d'Occident négocient et achètent des jeunes filles pour le prix d'un titre de voyage. Mais, des maladies sexuellement transmissibles (MST), notamment le sida, viennent en corollaire à ces réseaux de fortune. Cette

[172] On peut lire le dossier explosif de Serge RAFFY, La traite de femmes au cœur de l'Europe. Prostitution : les nouvelles filières de l'esclavage, *Le Nouvel Observateur*, 25 novembre – 1er décembre 1993.

situation étrange exprime une sorte de *libido* qui règne dans la société, et qui fait dégénérer son énergie psychique en la soustrayant du développement intégral.

V. L'UTILITARISME

L'utilitarisme constitue une doctrine philosophique qui prône la nécessité de valoriser les plus grands intérêts au détriment des plus petits. Il se passe de toute morale et se mêle très souvent à l'hédonisme individualiste qui le caractérise très souvent. Du latin *utilis* qui signifie « utile », l'utilitarisme définit comme bon ce qui est utile et qui, en conséquence, apprécie la valeur morale d'une action à l'utilité de ses résultats. En tant que *praxis*, l'utilitarisme s'oppose à l'éthique pure et milite pour la considération de tout ce qui produit du bonheur. C'est pourquoi par exemple l'humanité actuelle, égoïste, s'attèle à la croissance économique sans tenir compte des intérêts des générations futures. Celle-ci se permet de scander « après-nous le déluge » dans le but de satisfaire leurs besoins immédiats.

Le principe utilitariste, précurseur du capitalisme d'Adam Smith qui avait initié la métaphore de « la main invisible », a marqué de son empreinte auprès de plusieurs philosophes, dont Jeremy Bentham, John Stuart Mill et Charles Darwin. La théorie utilitariste est ainsi opposée à la thèse de l'origine divine des distinctions morales qu'à celle qui fait du seul plaisir de l'auteur de l'action le critère décisif du bien et du mal.

VI. LA MÉGALOMANIE

L'homme occidental s'arrange toujours de jouer à l'apprenti-sorcier. À vouloir percer les mystères de la Nature, il a déchaîné des éléments qui se retournent contre lui-même et contre l'humanité tout entière. Sa folie de grandeur, son orgueil et ses ambitions démesurés, et donc sa mégalomanie, le poussent encore plus loin. Comme je l'ai déjà souligné dans le prologue du livre, « Vanité des vanités, tout est vanité [173] », ou encore *Lumu ndipungi* (Les honneurs donnent fatigue) tel que stipule un proverbe luba : il s'arroge le droit de toucher à l'intouchable. Très croyant à l'époque médiévale, il devient aujourd'hui invétéré profane. À l'orée du troisième millénaire débutant, les manipulations génétiques ont donné naissance à des terreurs auprès desquelles les histoires de vampires et de morts-vivants effrayaient naguère le petit Africain - que je fus - pendant qu'il écoutait frileusement le conte de l'ogre manichéen, tantôt berceur tantôt cannibale.

On assiste alors au retour de Frankenstein, car l'on peut facilement imaginer qu'avec tous ces projets que s'assigne la technoscience, l'on parviendra à créer un être fabuleux qui échappera au contrôle de la science. De même, les Techniciens banalisent la force immanente et transcendantale qui s'appesantit sur la terre des ancêtres, par contre, ils commencent à la détruire allègrement, consolés par l'opportunité d'illusions séduisantes qui s'offre à eux, celles de reconstruire un nouvel habitat humain sur d'autres planètes. En Afrique, une telle surestimation de soi ne pourrait être que pathologique dans ses dimensions physiques et mentales que l'on retrouve dans la manie qui suscite toujours l'hystérie et la paranoïa.

[173] Ecclésiaste 1 : 2.

Chapitre 5.

LES NANOTECHNOLOGIES :
Projets d'infiniment petit

Tout est parti de l'existence des nanosciences, une diversité de connaissances qui s'intéressent à la production des objets minuscules de l'ordre du millionième de millimètre. Ces objets, constitués d'un petit nombre d'atomes ou de molécules, sont dotés de caractéristiques physiques, chimiques ou biologiques extraordinaires de résistance, de flexibilité, de légèreté ou de capacité de stockage d'informations. Ici, le chassé-croisé de la technoscience atteint sa vitesse maximale. Objectif : répondre aux besoins qui nécessitent toujours une nouvelle technologie, avec comme règle trouver des applications de plus en plus complexes, mais concrètes, aux découvertes scientifiques.

I. RAPPEL D'UN PRONOSTIC

Revenons à mon livre *L'Afrique face au défi de la technoscience* dans la rubrique où je soulève la question des projets des technologies infiniment petites. J'en faisais allusion en évoquant cette prédiction rocambolesque tirée d'un document daté de juin 1997, intitulée : « Ceci pourrait-il être la marque de la bête ? », reprenant une révélation de l'évangéliste américain Carl Sanders qui comparait la technoscience à la bête citée dans Apocalypse 13 : 11-17. Dans ce pamphlet, Sanders soutenait que la puce électronique (appelé aussi microship) ressemble à la marque imprimée sur la main droite et sur le front de chaque personne, telle qu'elle est décrite dans la Bible [174]. Une dizaine

[174] Baudouin MWAMBA MPUTU, *op. cit.*, p. 144-145, note 233. Voici un extrait : « En avant le progrès, faites-vous implanter la microchip ! (…). Utile pour résoudre tous vos problèmes… ».

d'années plus tard, le rêve est devenu une réalité : la puce électronique est à l'œuvre dans le corps humain.

Les nanosciences cherchent à assouvir les désirs d'infiniment petit à manipuler. Les biotechnologies constituent donc l'application de ces diverses connaissances sur le plan matériel ou technique. Il s'agit donc d'un mariage entre matière, électronique, biologie, fournissant des applications aussi bien informatiques, industrielles, environnementales que médicales. Cette grande révolution technologique qui s'impose dans l'histoire de l'humanité est en train de germer dans les grands laboratoires occidentaux. Elle se donne d'effacer la barrière entre le réel et le virtuel, entre le vivant et le matériel. L'un des objectifs de ces projets est la possibilité de mettre l'intelligence partout dans le corps de l'homme et dans son environnement. Il fait appel à une « économie collaborative » estimée aujourd'hui à 1000 milliards de dollars américains.

II. LA RÉVOLUTION NANOTECHNOLOGIQUE

1. La puce électronique

On sait que la première puce électronique remonte aux années 80 avec l'apparition du téléphone cellulaire fabriqué par Motorola avant de se généraliser quelques années dans les cabines téléphoniques lorsque celles-ci commencèrent à recevoir des cartes prépayées en remplacement des pièces de monnaies ou des jetons. Dix ans plus tard, leur utilisation fait jour dans la monnaie (électronique) sous forme de carte bancaire.

Soudain, c'est le changement du millénaire qui vient de généraliser cette technologie dans le monde. Les puces deviennent des dépôts par excellence des informations dans tous les domaines de la vie sociale et professionnelle. Mais leur exploit ne s'arrête pas là, elles font appel à des instruments au service des NTIC et envahissent l'ensemble du marché informatique et celui des télécommunications. On les trouve dans des bureaux comme dans des automobiles.

Au fur et à mesure que les technologies se développent, la puce devient de plus en plus petite, et l'on parle des nanopuces ou encore des micronanopuces. Ce ne sont que des circuits intégrés contenant toutes les bases d'informations. Les neurosciences font aujourd'hui recours à ces instruments minuscules pour apporter réparation au cerveau humain en cas de défaillance des neurones.

2. Autres nanotechnologies

Dans le domaine de certaines technologies de pointe comme dans l'industrie automobile, les nanosciences ne sont pas en reste. Ce n'est pas de la science-fiction, mais une réalité lorsqu'on imagine aujourd'hui un véhicule 100 000 fois plus fin qu'un cheveu. C'est ce que Cécile Dumas nous montre dans son bref article : « Et voici la nanovoiture ! [175]» Ce véhicule invisible à l'œil nu est constitué d'une molécule assemblée atome par atome par des Techniciens (physiciens et chimistes à l'unisson) pour obtenir une « machine » capable de se déplacer toute seule, transportant par exemple des nanomédicaments. D'ailleurs dans le domaine de génie automobile, un véhicule sans conducteur est conçu, il sera sur le marché à l'horizon 2030. Ces merveilles accompliront bientôt l'étonnant scénario de Superman en ce qui concerne la vitesse. Et l'auteur de surenchérir : « Au-delà de l'adrénaline de la course, l'enjeu est de faire progresser la capacité à manipuler la matière. Les circuits électroniques de demain pourraient ainsi être construits atome par atome, pour aller encore plus loin dans la miniaturisation et réduire les

---

[175] Cécile DUMAS, Et voici la nanovoiture !, in *National Geographic*, Août 2016, p. 18.

quantités de matières premières et d'énergie consommées[176] ».

III. DU DÉSAGRÉMENT AU DÉSARROI

On voit comment avec quel acharnement le monde d'aujourd'hui est en train d'être remodelé. Une première ces derniers temps c'est le projet de cette fameuse voiture sans conducteur, une véritable soucoupe roulante qui s'imposera d'ici-là sur toutes les chaussées du monde. Cette nouvelle révolution dénommée à tort ou à raison « uberisation du monde [177] », bien qu'applaudie avec émerveillement en Occident, fait partie des technologies qui apportent des risques qu'on semble négliger. Des groupes industriels produisent des centaines de produits contenant des composants nanométriques et des milliers de sortes de nanoparticules sont réellement vendus sur le marché. Or on sait que ces particules invisibles à l'œil nu (l'amiante par exemple), non seulement s'infiltrent dans les voies respiratoires, mais aussi traversent la peau et pénètrent les cellules jusque dans leur noyau. En effet, ces particules vont jusqu'à toucher les membranes réputées infranchissables pour se loger finalement dans le système nerveux central. On comprend que dans les usines qui les fabriquent, des millions de travailleurs risquent d'être exposés à ces dangereuses nanoparticules. Ceci entraînera aussi une accumulation dans l'atmosphère des poussières nanométriques capables de perturber les écosystèmes ou d'intoxiquer les hommes.

Aussi, le risque liberticide qu'on remarque aujourd'hui dans le monde technicien paraît plus dangereux que la toxicité elle-même. La généralisation des nanopuces et

---

[176] *Idem.*

[177] L'expression « uberisation du monde », tirée du nom Uber, est empruntée au philosophe Luc Ferry dans son livre *La révolution transhumaniste. Comment la technomédecine et l'uberisation du monde vont bouleverser nos vies*, Paris, Plon, 2016, 275 pages.

surtout leurs implants dans le corps humain, relancera – on le verra plus loin - la vieille tentation faustienne de l'être parfait, performant et résistant : un mythe qui deviendra certainement réalité.

Chapitre 6.

TRANSHUMANISTES ET EXTRA-TERRESTRES
Deux projets pour perpétuer l'humanité !

Il est naturel pour tout un chacun de craindre la mort. L'épopée de Gilgamesh l'a assez élucidé. C'est évident que l'annonce d'un *Tsunami* provoque toujours la panique et l'angoisse. Jésus-Christ avait bien tremblé quand il sentait sa mort imminente. L'unique personnalité qui aurait banalisé l'approche de sa mort, c'est Socrate. Le philosophe terminait en toute quiétude son prêche avant de consommer le poison dans une coupe. Ce ne sont pas mes propos, mais ceux de Jean-Jacques Rousseau qui, dans *L'Émile ou de l'éducation*, écrit[178] :

> La mort de Socrate philosophant tranquillement avec ses amis est la plus douce qu'on puisse désirer ; celle de Jésus expirant dans les tourments, injurié, raillé, maudit de tout un peuple est la plus horrible qu'on puisse craindre ; Socrate la coupe empoisonnée bénit celui qui la lui présente et qui pleure ; Jésus au milieu d'un supplice affreux prie pour ses bourreaux acharnés. Oui, si la vie et la mort de Socrate sont d'un sage, la vie et la mort de Jésus sont d'un Dieu. Dirons-nous que l'histoire de l'évangile est inventée à plaisir ?

De nos jours, les Techniciens trouvent toujours de nouveaux défis à relever. Ils viennent de concevoir deux projets ambitieux et rocambolesques. Ces Techniciens frappés par une folie prométhéenne de type frankensteinien, et convaincus des ravages qui condamnent aujourd'hui la planète à sa destruction fatale, choisissent une fuite en avant faute de pouvoir contrôler leur système ou de trouver une meilleure solution. Deux mouvements s'organisent à cette fin : les transhumanistes (immortels) et les extra-terrestres martiens

---

[178] Jean-Jacques ROUSSEAU, *L'Émile ou De l'éducation*, Paris, Éditions Gallimard, 1969, p. 462.

(réfugiés). Si les premiers relèvent du domaine des biotechnologies, les seconds proviennent de l'astronomie.

I. LES TRANSHUMANISTES

Un mouvement ultralibéral, né dans les années 80, prône un recours à la technoscience pour transformer l'humain. Curieusement, ce mouvement est animé par des milliardaires américains prêts à engager des fortunes colossales. Ils font appel à l'économie collaborative capable de répondre à leur mégalomanie. Ils planifient un tel état de besoin en fonction d'eux-mêmes comme si le monde leur appartient comme propriété privée. En connivence avec les scientifiques, certains d'entre eux considèrent que l'homme qui vivra 1000 ans[179] est déjà né. D'aucuns peuvent croire à l'imaginaire, certes, mais il est un fait bien réel. Ceci tient vraiment du fantasme et j'imagine que la phobie de la mort pousse les hommes à batailler dur en quête d'immortalité.

1. La phobie de la mort en économie collaborative

Dans cette dernière civilisation avant la destruction de la planète, le premier défi que se donnent les Techniciens est de supprimer la mort, ou du moins lui asséner quelques savates qui la repoussent le plus longtemps possible. Tel est l'objet que se sont fixé ces milliardaires en mal de mort. Il semble que parmi eux, on cite trois qui ont fait fortune dans ce qu'on appelle "high-tech "[180] : l'inventeur de Paypal (un système de paiement sur Internet), le patron du Facebook (réseau social) et celui de Google (moteur de recherche). Ces barons financent à coup de millions de dollars une

[179] Le judaïsme enseigne que les patriarches Adam, Melchisédech et Abraham auraient connu une telle longévité dans leur vie.

[180] Lire le dossier « Les géants de la technologie en quête d'immortalité », in *Sciences et Avenir n°823*, septembre 2015.

recherche privée pour allonger la durée de vie et décupler les capacités de l'homme.

Le faible de l'homme, disait Lucrèce[181], c'est la peur de la mort. Dans le but de contourner la fatalité de la mort, ces richissimes barons mettent à la disposition de la techno-médecine tous les outils possibles (puce, logiciels, algorithmes, mégadonnées) dont ils se sont toujours servis pour révolutionner l'informatique. Certains d'entre eux rêvent à l'immortalité, un vaste programme qui consiste à améliorer désormais ce qu'ils considèrent comme la machine la plus complexe qui soit : le corps humain. Et dans cette démarche, l'ambition majeure est de reconstruire, de régénérer et de reprogrammer les organes, les membres, les cellules. Ils se battent pour ce projet avec persévérance, mus par la conviction selon laquelle manipuler l'ADN permettra aux humains de vivre plus longtemps et dans les meilleures conditions.

2. L'illusion au bal des immortels

La confiance aveugle dans la technoscience pourrait bien conduire les Techniciens à sous-estimer les dangers des travaux qu'ils ne cessent d'entreprendre. Les recherche sur les cellules souches, les neurosciences, les OGM et les virus par exemple, manipulent allègrement la Nature jusqu'à conduire l'humanité entière à sa disparition.

L'homme est égocentrique sinon "technocentrique ". Il s'attache aux biens matériels et préfère vivre le plus longtemps possible, sans se soucier des générations futures qui, naturellement, font le relais des anciennes. Le ralentissement ou l'arrêt du vieillissement pourrait sans doute entraîner des bouleversements sociaux d'une ampleur inédite, accroissant la pression sur les ressources naturelles

[181] Cité de mémoire, Lucrèce est poète latin et philosophe matérialiste ayant vécu vers 98-35 avant J.C.

et sur l'économie. Imaginons ensemble ce à quoi pourrait ressembler la situation des hommes lorsqu'une dizaine de générations vivraient simultanément !

Revenons un peu à la phobie de la mort, on remarque que l'homme Technicien ne croit pas en la réincarnation. Il n'entend pas survivre à la mort outre mesure. Certes, depuis l'aube des temps l'humanité n'a cessé de se poser cette question, et d'y apporter des réponses, différentes selon les siècles et les civilisations.

Dans les anciennes traditions, chez les peuples dits primitifs, les individus étaient beaucoup plus familiarisés avec le concept de la mort. En Afrique, par exemple, certains enfants, dès la naissance, portent les noms de *Lufu* (en ciluba) ou *Kifwa* (en kikongo), qui signifient « La mort », patronyme que l'homme occidental ne peut jamais accepter de porter comme nom propre. Donc, la vie après la mort faisait partie des croyances des peuples, sous des formes différentes. Mais dans la civilisation technicienne, ce concept est totalement tombé dans l'oubli. Il s'enfonce dans l'abîme avec les idées du Nouvel Âge, dont le transhumanisme, mouvement qui n'implique ni religion ni croyance, mais simplement un matérialisme béat : « on doit vivre éternellement, car la vie est belle ». Voilà une grande illusion qui berce délibérément ces Techniciens hédonistes et sensiblement épicuriens.

3. Querelles des transhumanistes et bio conservateurs

Les nouvelles technologies de la technoscience se développent à grande vitesse. Leur allure est tellement folle et exponentielle qu'elles sont difficiles à comprendre. Ce système technicien renvoie transhumanistes et conservateurs dos à dos. Pour les transhumanistes, la recherche scientifique doit être encouragée, soutenue et financée pour porter l'homme à sa perfection. Ils affirment que l'ordre naturel a été insuffisamment doté pour améliorer la vie des hommes. Il serait donc absurde et irresponsable de fermer la porte aux révolutions que la technoscience peut réaliser pour le bien de l'humanité dans la lutte contre le vieillissement et les maladies incurables, voire pour l'amélioration de l'espèce humaine tout entière[182]. Dans cette école bioprogressiste, on cite Allen Buchanan aux États-Unis et Gilbert Hottois en Europe.

Pour les bioconservateurs, la sacralisation de la Nature reste strictement la principale norme morale. Toute manipulation du vivant est sacrilège, attendu que c'est seul Dieu qui en détient le monopole. Vouloir modifier la nature originelle de l'homme, c'est consacrer la fin de l'homme. Cette thèse est soutenue par le philosophe américain, Francis Fukuyama[183], l'un des plus grands défenseurs de l'école traditionaliste. Les bioconservateurs estiment que ces nouvelles technologies ouvrent une nouvelle fois la voie à un eugénisme qui autrefois avait poussé le nazisme à commettre l'une des plus grandes barbaries jamais connue au monde. Et cette conduite divisera la société humaine plus que jamais entre les éternels et les éphémères, autant qu'il y a des riches et des pauvres.

Pour Habermas, mettre au monde les enfants sur mesure n'est pas agréable, car chaque enfant aura l'alternative de ses choix. Il soulève donc la question de l'antinomie qui pourrait opposer la liberté des parents à celle des enfants. Toutefois, Habermas ne se montre pas hostile à toutes les manipulations génétiques si elles n'ont que pour finalité d'éradiquer des maladies causant un sérieux désagrément dans les familles.

À propos de l'homme augmenté, des chercheurs se posent des questions : troquer des organes défaillants,

---

[182] Luc FERRY, *op. cit.*, p. 93.
[183] Francis FUKUYAMA, *La Fin de l'homme*, Paris, Gallimard, 2004, pp. 178-179.

rajeunir les cellules, prévenir d'éventuelles maladies en changeant son génome, relève de l'augmentation de l'homme, voulu par les transhumanistes. Or, l'homme réparé existe depuis belle lurette, mais il n'est encore que fragile, constatent-ils. D'où l'obsession de ne pas s'arrêter là. Il convient d'aller plus loin jusqu'à trouver ce qui peut conférer à l'être humain la totalité du bonheur.

En guise de réponse, le philosophe Jean-Michel Besnier[184] se pose une question : « Le secret du bonheur se cacherait-il dans une électrode ? » « Attention, prévient-il, nous sommes aujourd'hui dans une situation mentale qui nous donne à penser que notre vie est épouvantable et qu'il faut absolument innover pour progresser. Cette logique, c'est la disparition de la dimension symbolique de l'existence et de sa finalité même ». Pour ce philosophe, la technoscience et ses exploits, loin de servir l'humanité, pourraient la déshumaniser totalement.

II. LES EXTRA-TERRESTRES MARTIENS

La civilisation technicienne, ayant déséquilibré la Terre par son réchauffement rapide tel que nous le remarquons aujourd'hui, nourrit l'audace d'organiser l'immigration des êtres humains vers d'autres planètes pour préserver la pérennité de l'espèce technicienne. Suivant les recherches entreprises depuis la conquête de la Lune, les Techniciens fixent finalement leur choix sur Mars, une planète déjà hostile, sans traces de vie, située à une distance de 71 millions de km de la Terre. Même si la planète Mars est inhabitable, disent-ils, nous exercerons coûte que coûte un *forcing* avec nos moyens. Et l'autre de scander : « on essaie,

---

[184] Commentaires dans l'émission « Chemins de la connaissance » sur Radio France-Culture. L'intervenant Jean-Michel Besnier est spécialiste des questions de technologies à l'Université Paris-Sorbonne.

et ça va peut-être marcher ». C'est ce que le romancier Kim Stanley Robinson veut montrer dans *La Trilogie martienne* [185] lorsqu'il présente l'intrigue de Mars ayant pour fil conducteur un conflit sur la modification du climat de cette planète pour la rendre habitable par les Terriens et un effort simultané pour réagir à une perturbation climatique sur la Terre.

1. L'exil sur Mars, un projet ambitieux et drastique

Au moment où je rédige cet ouvrage, le projet privé « Mars One » est en train de sélectionner 50 hommes et 50 femmes de cinq continents. Ce projet, comme d'autres encore, fonctionne sous la coordination de la NASA. Il s'agit donc d'un ambitieux programme de colonisation martienne. Le programme consiste à organiser à l'horizon 2030 – 2050, un voyage vers la planète Mars où les candidats deviendront des premiers colons voués à passer le reste de leur vie à plus de 56 millions de kilomètres de la terre.

Dans cette aventure, le nombre des candidats au départ est impressionnant, donc par des centaines de milliers. Ces hommes en ont marre de la Terre qui pourrait bientôt disparaître. Et après cette expérience, des vols se succéderont ensuite tous les deux ans. Un autre fantasme de doux rêveurs, certes, mais l'intention est discriminatoire. Je me demande combien d'Africains seront aussi sur la planète Mars d'autant plus que les critères seront toujours sélectifs.

L'Afrique est innocente, mais victime. Innocente parce qu'elle n'a pas considérablement contribué au réchauffement de la Terre. Victime puisqu'elle sera oubliée au programme d'émigration vers Mars. Aussi, le voyage sera très coûteux, environ 600.000 dollars par individu sans compter les frais d'installation et de séjour. La durée du

[185] Cité par E. M. CONWAY et N. ORESKES, *op. cit.*, 94.

voyage est de 6 à 7 mois (sur cette distance de 56 millions de kilomètres).

Sur la planète Rouge où il n'y a ni eau ni végétation, la colonie devra vivre de manière autonome, se nourrissant d'un repas lyophilisé et une goutte d'eau par jour. Ils seront en permanence en leurs scaphandres à cause du climat très hostile et sulfureux. En effet, l'atmosphère martienne n'est pas accueillante, car non tenue : elle laisse passer les radiations solaires. Les habitations ne se présentent pas comme sur la Terre. Ce sont des modules recouverts d'une épaisse couche de régolithe. L'une des questions logiques, pour une éventuelle installation humaine, porte sur l'agriculture : pourra-t-on cultiver des plantes terrestres ? Les scientifiques estiment que la capacité de rétention d'eau sur le sol martien fait défaut, car ses particules brûlées par le soleil sont trop fines pour garder l'humidité[186]. Aussi, affirment-ils, il n'y a pas d'air, le climat est trop froid et la planète Rouge n'a pas de champ magnétique pour protéger la vie végétale des forts niveaux de rayonnement.

2. Les conditions journalières du Martien

Puisque les conditions climatiques sont hostiles, très rudes pour nous les Terriens, les colons de Mars devront recourir au forçage en cultivant leur nourriture sous des dômes ou des tentes renforcées. Chaque Martien ne sortira dehors qu'en scaphandre comportant de l'eau, l'un des meilleurs moyens d'arrêter des rayons solaires très cancérigènes. Une telle tenue vestimentaire et ses composantes pèseraient environ 300 kg En se déplaçant, un seul pas de marche catapulte l'individu jusqu'à 1 km de distance, par manque de pesanteur. Aussi, la fine poussière orange qui tapisse la planète contient des éléments toxiques tels que le perchlorate qui agit sur la fonction thyroïdienne, des silicates

---

[186] Revue *National Geographical*, Août 2016.

qui affectent les voies respiratoires, du gypse nocif pour les poumons, la peau et les yeux. Elle s'infiltrera partout à la faveur des tempêtes de sable, au risque de gripper nombre de systèmes vitaux, dans les habitats et les scaphandres[187].

Voilà les angoisses et les peurs que manifeste la civilisation technicienne, responsable de la mauvaise utilisation de la planète Terre, dont toutes les pistes de réparation sont devenues irréversibles en dépit des rencontres et tractations internationales pour parvenir à une gestion optimale. C'est ainsi que l'être humain connaîtra sans doute le sort du « Petit prince » de Saint-Exupéry, consacrant toute sa vie à sillonner les planètes. Et *a fortiori,* on ignore, comme l'affirme Frank Herbert[188], que l'écosystème d'une seule planète peut avoir un impact sur tout un empire galactique.

---

[187] Lire à ce sujet l'article de Sylvie ROUAT, Coloniser Mars, une mission sans retour, in *Sciences et Avenir*, op.cit., pp. 46-49.

[188] Cité par Erik M. CONWAY et Naomi ORESKE, *op. cit.*, p. 93.

Troisième partie

COLLAPSOLOGIE ET ÉTHIQUE AFRICAINE

Chapitre 1.

LA COLLAPSOLOGIE

I. ESSAI DE DÉFINITION

Au cours de mes recherches, depuis mon ouvrage *L'Afrique face au défi de la technoscience*, je me suis rendu à l'évidence que la civilisation technicienne, malgré ses apports positifs dans l'allégement des vies humaines par rapport aux contraintes de la Nature, connaissait un tournant inquiétant pour avoir imposé son dictat sur l'homme. J'ai trouvé ma pensée corroborer celle des nombreux savants, en commençant par Jacques Ellul. Cependant, de nouveaux chercheurs de la dernière génération mettent en selle une nouvelle discipline scientifique : « collapsologie[189] ». Parmi eux, Pablo Servigne et Raphaël Stevens se sont consacrés à étudier l'effondrement irréversible de la société technicienne. En découvrant cette terminologie, ils se sont inspirés, avec une certaine autodérision, du mot latin *collapsus*, « qui est tombé en un seul bloc[190] ». Selon les auteurs, le but n'est pas de nourrir le simple plaisir scientifique d'accumulation des connaissances, mais plutôt d'éclairer la société sur ce qui lui arrive et qui pourrait lui arriver, c'est-à-dire de donner un sens aux événements.

La collapsologie est donc une nouvelle discipline qui prend son origine dans l'idéologie de la méfiance et de la peur. C'est cette idéologie qui a été défendue à bras-le-corps par le sociologue français Jacques Ellul. Mais, comme elle devient une sorte de philosophie, elle tire beaucoup de sa sève de l'œuvre de l'Allemand Hans Jonas, l'un des penseurs les plus influents de l'époque contemporaine.

---

[189] P. SERVIGNE et R. STEVENS, *Comment tout peut s'effondrer. Petit manuel de collapsologie à l'usage des générations présentes*, Paris, Seuil, col. Anthropocène, 296 pages.
[190] *Idem*, p. 20.

II. LES PRÉCURSEURS DE LA COLLAPSOLOGIE

Le philosophe Hans Jonas a été d'abord le promoteur de l'« heuristique de la peur », avant de développer cette nouvelle discipline, « collapsologie », qui stipule que l'homme doit se protéger de la technoscience, qui est intrinsèquement porteuse de risques. Il est le père du principe de précaution. Pour lui, la prudence en toute chose constitue un remède incontournable. Élève de Husserl et Heidegger, il aurait pu demeurer un universitaire anonyme s'il ne s'était pas engagé dans la philosophie sceptique qu'il avait déjà défendue dans sa thèse sur la gnose. Hans Jonas soutient que le savoir scientifique est suspect puisqu'il inspire une construction intellectuelle et politique. Il s'inscrit dans la lignée de l'Américain Paul Feyerabend (1924-1994), maître à penser du relativisme scientifique. Feyeabend lui, critique surtout l'unilatéralisme de la pensée scientifique. Mais, parmi ses « épigones », le philosophe et sociologue des sciences le français Bruno Latour annonce la revanche de Gaïa sur la technoscience. Et comme « la Science sans Conscience n'est que ruine de l'âme » dit-on, la palme du réveil éthique faisant appel au principe de précaution se partage entre Hans Jonas, le visionnaire, et Jacques Ellul, le frondeur.

1. Hans Jonas[191], le visionnaire

Pour revenir au philosophe Hans Jonas, sa réputation a largement dépassé les cercles philosophiques grâce à la

---

[191] Pour rappel, Hans Jonas est un philosophe allemand né en 1903 et décédé en 1993. En 1979, il publia son célèbre livre *intitulé Le Principe Responsabilité : une éthique pour la civilisation technologique*, ouvrage édité à Paris aux éditions du Cerf, en 1990. Dès lors, ce dernier est devenu un livre de référence pour les technosceptiques. Jonas est rendu célèbre par sa proposition d'un principe de responsabilité morale de l'Homme. Après ses études en philosophie et en histoire de l'art, il rédige en 1928 une thèse intitulée « Le Concept de gnose », sous la direction de Heidegger et Bultmann. Il fuit les persécutions antisémites du régime nazi après la prise de pouvoir par Hitler en 1933. Dès 1955, il commence à enseigner à New York, à la New School for Social Research.

publication, en 1979, d'un ouvrage *Le principe responsabilité*, qui fut évoqué jusqu'au sein du Bundestag. Dans ce livre, Jonas considère que l'humanité doit être préservée fermement des dangers qui pourraient la menacer. Or, le développement technologique de notre espèce peut permettre notre élimination et, à ce titre, doit être sévèrement encadré par des normes que Jonas se donne de définir. Pour lui ceux qui conçoivent les innovations technologiques devraient, avant d'être autorisés à les introduire dans la société, montrer la preuve qu'elles ne présentent aucun risque environnemental et sanitaire, soit dans le présent, soit pour les générations futures. Compte tenu du pouvoir énorme que ces nouvelles techniques lui confèrent, il est fondamental, selon Jonas, que l'humanité accepte de nouveaux principes de responsabilité. Il insiste en particulier sur la nécessité de renoncer à tout procédé technique qui comporterait des risques apocalyptiques. C'est l'impératif *in dubio pro malo* : en cas de doute, envisage le pire. À ce sujet Jonas utilisait lui-même le terme d'« heuristique de la peur ». Cette heuristique est censée agir comme une intimidation de nature à prévenir les dangers représentés par la techno-science. C'est cette idée qui fonde le principe de précaution. En d'autres termes, la société technicienne doit répondre aujourd'hui des conséquences futures et partiellement imprévisibles de ses actions. On comprend ce que ce principe éthique peut avoir d'intimidant et d'inhibant pour le présent.

Jonas cherche ensuite à déterminer la façon dont l'Homme peut affirmer son humanité de façon identique dans des contextes historiques très divers. Dans sa problématique sur l'évolution des modes d'action dans la civilisation technicienne, il s'attache à démontrer que l'homme moderne devrait aspirer à une existence propre, mais en tendant néanmoins vers un élargissement de ses connaissances, non seulement en Histoire et en sciences de l'homme, mais dans le domaine des sciences naturelles, et en étant associé au progrès scientifique et technique qui ne porte pas atteinte aux intérêts des générations futures.

Ici, Hans Jonas remet en question l'éthique pratiquée en Occident, entachée de différentes déviances. Par contre, il se rapproche de l'éthique africaine en défendant l'idée d'un « droit de la Nature ». Car en Afrique, la liberté d'action dévolue à l'Homme doit être conciliable avec l'épanouissement de la Nature.

2. Jacques Ellul[192], le frondeur

Penseur et moraliste français, Jacques Ellul crève l'abcès en 1954 dans son livre intitulé *La Technique ou l'Enjeu du siècle*[193] où il développe une analyse du phénomène technicien dont il dénonce l'hégémonie et l'autonomie grandissantes. Il commence par démontrer la façon dont la technique se confond avec la machine et souligne au demeurant que le discours sur la technique gravite autour de l'existence des machines[194]. Or, lorsque la prépondérance dévolue à la machine s'agrandit, celle-ci crée un milieu inhumain d'autant plus qu'elle n'est plus un objet au service de l'homme, mais plutôt un moyen de substitution à l'homme. À ce sujet Ellul écrit : « La machine prend sa place dans un ordre qui n'est pas fait pour elle et, par là même, elle crée la société inhumaine que nous avons traversée [195] ». Cette fronde

---

[192] Jacques Ellul (1912-1994), sociologue et théologien français, est né à Bordeaux où il a étudié au Lycée Montaigne puis à la faculté de droit. Après avoir décroché son diplôme de docteur en droit en 1936, il obtient une chaire à l'université et enseigne le droit et l'histoire des institutions. De nos jours, l'Université de Bordeaux l'a immortalisé avec un auditoire qui porte son nom.

[193] Jacques ELLUL, *La Technique ou l'Enjeu du siècle*, Paris, Armand Colin, 1954, 397 pages.

[194] Lire à ce sujet mon livre *L'Afrique face au défi de la technoscience*, déjà cité, pp. 189-197.

[195] Jacques ELLUL, op. cit., p. 3.

pathétique l'amène à conclure qu'à partir du XXè siècle, c'est l'homme qui devient l'objet de technique.

Dès 1977, le professeur Jacques Ellul enfonce le clou et démontre dans son livre *Le Système technicien*[196] la prééminence de la Technique en faisant une analyse farouche d'un système qui impose ses règles à l'ensemble de la société humaine devenue elle-même technicienne. Ce fameux système s'impose alors au monde économique, au monde politique et au monde domestique. Dans cet excellent livre, Ellul met en exergue les caractères fondamentaux du système technicien : unicité, autonomie, totalisation et universalité[197]. À ce titre, le sphinx de Bordeaux est resté pour moi une référence et ma grande source d'inspiration.

3. Le militantisme heuristique

Le principe de précaution n'est pas seulement le cheval de bataille des seuls philosophes, d'autres scientifiques et hommes politiques ne sont pas en reste. Ils appliquent parfois un militantisme de rue dans l'objectif de dissuader ceux qui détiennent la clé de la technoscience à bien régler leurs ambitions.

Parmi ces militants, nombreux décrient les atteintes aux lois de la nature. Selon eux le vivant est sacré, donc intouchable. Ils estiment qu'à l'origine de la vie se trouve « une intelligence supérieure ». Ce militantisme s'oppose à la recherche sur l'embryon humain. D'autres militants, comme José Bové en France et ses altemondialistes, s'opposent avec grande énergie au recours aux organismes génétiquement modifiés (OGM).

Nul n'ignore la rigueur des ONG, comme *Green Peace*, et leur influence dans le monde en matière de lutte contre la

---

[196] Jacques ELLUL, *Le Système technicien*, Paris, Calmann-Lévy, 1977.

[197] Baudouin MWAMBA MPUTU, *op. cit.*, pp. 202-207.

pollution. Nombreux encore jurent sur la fin de l'idéologie du progrès. Car à force d'inciter le progrès, on retombe dans les crises sempiternelles. La technoscience commence donc à se retourner contre l'homme et contre la Nature. Les exemples sont légion en ce qui concerne l'apparition de nouvelles maladies d'origine technicienne, à savoir, croyant apporter au bétail un aliment farineux fabriqué à base de la viande, on lui transmet l'Encéphalite Bovine Spongiforme, dite « maladie de la vache folle ». Que deviendra alors le consommateur potentiel de la viande bovine souillée ? De même, en cherchant de corriger le nanisme à partir de l'hormone de croissance, on donne la maladie de Creutzfeld Jacob aux enfants, etc.

III. LES FONDATEURS DE LA COLLAPSOLOGIE

Dans leurs recherches, deux jeunes chercheurs de la nouvelle génération se trouvent à la base de l'imagination ayant mis en selle le concept de « Collapsologie » pour signaler que la trajectoire de la civilisation technicienne n'est pas viable. Pour rappel, ces chercheurs sont : Pablo Servigne et Raphaël Stevens[198] ; le premier est un agrobiologiste et le second un écologiste. Dans leurs recherches, ils se sont préoccupés à créer cette nouvelle science pour étudier l'effondrement irréversible de la société industrielle.

Sur le plan de la sémantique, le terme « effondrement » est un mot valise. Il s'applique à plusieurs sauces. Le krach boursier à New York ou à Pékin, l'éboulement d'une mine souterraine, l'écroulement d'un immeuble, etc., sont des effondrements. Mais, les auteurs semblent ménager le mot à propos de la fin du monde. Ils tempèrent leurs recherches et pèsent des mots. Ils évitent d'associer l'effondrement à l'eschatologie millénariste, et encore moins aux possibles événements astrophysiques ou tectoniques qui pourraient

[198] P. SERVIGNE et R. STEVENS, *op. cit.*,

déclencher une grande extinction de masse des espèces, comme la Terre l'a vécue il y a 65 millions d'années[199].

De mon côté, je m'écarte de cette logique, car je traite de ce que les humains savent. J'insiste sur le fait qu'au rythme actuel du progrès, l'humanité risque de connaître son extinction et disparaîtra sans autre forme de procès.

Les auteurs qui sont eux-mêmes ressortissants du monde occidental posent le problème de manière voilé, doublé de dérision, dans le but de mettre leur société en garde. C'est tout simplement une alerte adressée aux audacieux Techniciens, responsables du danger qu'apporte la civilisation technicienne.

IV. FIN DU PROGRÈS ET AVENIR DU MARCHÉ

À l'instar d'autres civilisations millénaristes, il est évident que la civilisation technicienne actuelle soit arrivée à son apogée. Comme le déclin succède toujours à l'apogée, il serait normal qu'elle traverse un temps de déclin après avoir atteint son paroxysme. Pablo Servigne et Raphaël Stevens montrent que le paradoxe qui caractérise chaque époque où une civilisation se heurte à des limites et transgresse des frontières est que plus elle gagne en puissance, plus elle devient vulnérable[200] ». Et ces collapsologues de poursuivre : Ainsi, comme de nombreux économistes, climatologues, physiciens, agronomes, écologues, militaires, journalistes, philosophes, ou même politiciens, nous en déduisons que notre société peut s'effondrer dans un avenir proche[201] ». Cependant, l'Occident, afin d'empêcher l'effondrement de la civilisation qu'elle a taillée hors mesure au sein de l'humanité, consentirait à mettre fin au progrès qui l'a propulsé.

---

[199] *Ibid.*, p. 21.
[200] P. SERVIGNE et R. STEVENS, *op. cit.*, p. 128.
[201] *Ibid.*, p. 130.

En ce début du XXIè siècle, force est de remarquer qu'on ne parle plus du progrès. L'enthousiasme fidéiste dans le progrès s'est évaporé, estime Robert Redeker [202]. Cet enthousiasme qui a fait son chemin a disparu loin de s'énoncer comme la radieuse évidence de jadis, qui rassemblait dans la même croyance la plupart des philosophes des Lumières. De nos jours, estime encore Redeker le concept de progrès ne se prononce plus que dans une ambiance crépusculaire[203]. Or lorsque le progrès s'arrête, le marché s'estompe.

S'agissant du marché dont le mécanisme de fonctionnement est fondé sur la liberté chère à Adam Smith, un retournement se fait remarquer même parmi les grands disciples du libéralisme. L'économiste Friedrich von Hayek qui avait une grande admiration pour le capitalisme de libre entreprise, semble dérouté. Car, à l'instant où la question environnementale est à l'ordre du jour dans le débat mondial, chaque savant se sent contrait d'adhérer au programme de régulation. La science environnementale a montré a fortiori que l'action publique était nécessaire pour protéger les citoyens et l'environnement naturel contre les préjudices anthropiques.

Depuis que cette idée de progrès s'est problématisée, elle devient affaire de valeurs qui s'affrontent et non plus de principes qui s'appliquent. Dès lors, écologistes et progressistes sont à couteaux tirés. Une véritable guerre s'engage entre valeurs et principes. Or les valeurs, moins universelles que les principes, s'exhibent et se combattent lorsque les principes, eux, reculent. Ces derniers souffrent d'abus que des valeurs en elles-mêmes. Hans Jonas d'estimer : « Le pragmatisme, l'émotivisme, l'analyse linguistique traitent des faits, des significations et des expressions de la

---

[202] Robert REDEKER, *Le progrès ? Point final*, Nice, Les éditions OVADIA, p. 13.
[203] *Idem.*

désignation par l'homme de ses objectifs, mais non des principes de ceux-ci – refusant en fait qu'il y ait de tels principes[204] ». En tout état de cause les principes prédominent et la valeur des valeurs dépend de ses évaluateurs. C'est pourquoi, avec l'émergence de l'éco-pouvoir, des décisions en matière de technoscience, lorsqu'elles sont prises, sont devenues si difficiles à prendre, si contestées, si équivoques. Elles le sont d'autant que la société technicienne a compris qu'elle ne peut pas connaître d'avance toutes les conséquences de ses actions : « l'homme sait ce qu'il fait, mais il ne sait jamais ce que fait ce qu'il fait », avertissait Paul Valéry. D'où une sorte de réflexe collectif qui conduit désormais cette société à valoriser l'incertitude, la défiance, la perplexité. Finalement, c'est rien de moins que la question politique du projet de la cité, de ses fins, qui se trouve aujourd'hui posée : que voulez-vous faire socialement des savoirs et des pouvoirs que la technoscience vous donne ? Y répondre présuppose de ne pas laisser les sciences et techniques en lévitation intellectuelle.

Somme toute, le mot « progrès » a été détrôné par celui d'« innovation » : une échappatoire hypocrite, mais échappatoire tout de même étant donné qu'il n'y a pas une autre solution. En Occident, le mot innovation est entré dans le vocabulaire politique en remplacement de celui du progrès. Un exemple : en 2010, la Commission européenne s'était fixé l'objectif de propulser une « Union de l'innovation » à l'horizon 2020. Le document de référence fut libellé : « La compétitivité, l'emploi et le niveau de vie du continent européen dépendent essentiellement de sa capacité à promouvoir l'innovation, qui est également le meilleur moyen dont dispose la société pour résoudre les principaux problèmes auxquels elle est confrontée et qui, chaque jour, se posent de manière plus aiguë, qu'il s'agisse du change-

[204] Hans JONAS, *Essais philosophiques. Du credo ancien à l'homme technologique*, Paris, Vrin, 2013, p. 232.

ment climatique, de la pénurie d'énergie et de la raréfaction des ressources, de la santé ou du vieillissement de la population ». En tout cas, on parle de l'innovation, non pour inventer un monde plus désirable que l'actuel, mais pour empêcher l'actuel de se déliter. Ce *credo* s'appuie sur l'idée implicite que le temps serait corrupteur, qu'il abîmerait les choses et la situation. Cette conception est aux antipodes de l'esprit des Lumières pour qui le temps est au contraire constructeur à condition qu'on fasse l'effort d'investir dans une certaine idée du futur. Certes, les idées des Lumières étaient souvent naïves : ainsi, Condorcet imaginait qu'une sorte d'embrayage automatique relierait le progrès scientifique au progrès moral et politique. Or un visionnaire parmi les Lumières, Jean-Jacques Rousseau, s'opposant à la vulgate du progrès apologisée par ses contemporains, tenait à l'inverse les hommes de l'Antiquité pour meilleurs que ceux de son époque[205]. Les Lumières avaient donc leur part d'ombre en voulant juste théoriser une idée du futur. C'est pourquoi, de nos jours, la question du risque en est venue à catalyser l'angoisse ressentie devant la perspective d'un avenir qui n'est ni configuré ni porté par un projet explicite.

[205] *Ibid.*, p. 117.

Chapitre 2.

LE PRINCIPE DE PRÉCAUTION EN ÉTHIQUE AFRICAINE

Selon Erik M. Conway et Naomi Oreske, le principe de précaution part d'une idée simple, mais noble : « D'abord ne pas nuire[206] ». L'idéologie en soi remonte au médecin grec antique Hippocrate à qui on attribue la paternité de ce principe qui est à la base de toutes les politiques conçues pour protéger la vie et la santé humaines. Le principe de précaution s'inscrit donc dans la logique de la connaissance prospective que marque l'ultime recom-mandation : *« Bushala buamba*[207] *»* (donner l'alerte pour déjouer le tort). Il s'agit d'un message fort bien connu en Occident sous l'expression : « mieux vaut prévenir que guérir », et en Afrique « *Budimu mbupite bwanga* » (la prudence dépasse le remède). C'est une règle universelle entretenant un processus de prévention que les groupes humains évoquent pour éviter un imminent danger, un dysfonctionnement social.

En Afrique, le principe de précaution regroupe une communauté d'intérêt lors d'une palabre : « qu'on en parle publiquement afin de contourner des responsabilités ». C'est donc la logique du ''dialogue'', une sorte de fuite en avant légitime entretenue en vue d'épargner des personnes innocentes devant des responsabilités individuelles ou collectives. C'est aussi une façon d'épargner le bouc-émissaire.

---

[206] Erik CONWAY et Naomi ORESKES, *op. cit.*, p. 89.

[207] En ciluba un adage stipule : « *Bushala buamba, nansha bulua kufua bantu* », littéralement : « Qu'on en parle d'emblée, même si les gens acceptent volontiers à en mourir ». Cette expression est une variante de « *Yebela* » en lingala, « *wâmanya* » en ciluba, donc un cri d'alerte.

I. LES DONNÉES DE LA PROSPECTIVE EN MATIÈRE DE RESPONSABILITÉ PRÉVENTIVE

1. La responsabilité préventive

Dans *L'Afrique face au défi de la technoscience*, j'ai largement analysé les contours de ce qu'on appelle « Responsabilité[208] ». Je n'ai cessé d'évoquer Hans Jonas en tant que chantre de ce concept. Nul n'ignore que la notion de responsabilité évolue toujours aux antipodes du concept de prévention, et souvent on parle de responsabilité préventive.

La prévention constitue le moteur par excellence de la prospective en tant que discipline proche de la futurologie. Mais, comme la futurologie se rapporte toujours à la philosophie ou à l'astrologie, la prospective, elle, fait appel au passé. Il s'agit d'une discipline des sciences historiques dont la vision repose sur le caractère répétitif des événements.

Qu'est-ce que la prospective ? Inventée par le philosophe français Gaston Berger (1896-1960), cette discipline désigne l'élaboration des scénarios possibles du futur en tenant compte des données historiques, économiques et sociologiques. Pour la prospective, le passé peut revenir d'une manière ou d'une autre, mais l'avenir ne doit à tout prix ressembler au présent. Pour que l'avenir n'imite ni le passé ni le présent, il devient l'objet de construction.

Parler de la fin du monde, de la fin d'un monde ou encore de la fin de la civilisation technicienne d'aujourd'hui, c'est prendre acte de ce qu'une poussée religieuse affecte le monde actuel. Les scientifiques s'en émeuvent, or ce sont eux qui font déclencher les peurs autant que le faisaient les prêtres au Moyen Âge.

La notion de responsabilité préventive est proche de la théorie du risque liée à l'existence d'une liberté de choix. Elle pose un problème métaphysique, car il s'agit de savoir

[208] B. MWAMBA MPUTU, *op. cit.*, pp. 241-249.

si l'homme est réellement libre, et plus précisément en quoi consiste cette liberté sur le plan sociologique. Je retiens ainsi trois principes théoriques : traditionaliste, rationaliste et utopiste.

a. Théorie traditionaliste

Dans la perspective traditionnelle, on considère que l'homme a agi librement lorsqu'il a commis un acte qu'il pouvait ne pas commettre. Il est considéré comme coupable lorsque, connaissant les valeurs morales, et ayant les moyens d'agir suivant leurs exigences, il se détournera d'elles librement pour commettre le mal. Les motifs qui l'ont poussé à mal agir n'auraient donc pas déterminé sa faute suivant une causalité irrésistible. C'est lui qui a choisi de leur obéir ; à l'origine de sa responsabilité, il y aurait donc un libre-arbitre, une décision mystérieuse, irrationnelle, puisqu'elle transcende tous les motifs.

Platon expose cette thèse dans le Xe livre de *La République* sous la forme d'un mythe[209]. Le soldat Er, fils d'Arménios, mort sur le champ de bataille, ressuscite miraculeusement douze jours plus tard et raconte à ses camarades ce qu'il a pu voir dans l'Au-delà. Les morts y sont invités à choisir librement un nouveau destin pour leur prochaine réincarnation. Après avoir choisi, ils boivent au Fleuve d'oubli et reviennent sur Terre. Ils ont oublié qu'ils ont eux-mêmes choisi leur destin et accusent le sort. Mais « Dieu est innocent » et ils sont responsables[210].

« Comme on fait son lit, on s'y couche », dit un adage. « Qui s'y frotte s'y brûle », dit-on encore souvent en matière de principe restrictif. La mythologie bantoue raconte que le crapaud aurait manqué de queue à défaut de n'avoir pas obtempéré à la volonté de Dieu qui voulait lui en attribuer à

---

[209] PLATON, *La République*, Livre X (613c-615c), Paris, Garnier-Flammarion, 1966, pp. 379-380.
[210] *Ibid.*, (617e-619a), p. 383.

la Création. Le batracien, séduit par l'état de l'homme qu'il ne cessait d'envier, refusa de porter la queue. Aujourd'hui, il en assume seul la responsabilité comme il en est toujours dépourvu, contrairement aux autres animaux. De même pour Kant, le méchant aurait choisi par un acte de libre arbitre « intemporel » (c'est-à-dire qui transcende la succession nécessaire des causes à effets) son caractère de méchant. Il est coupable, responsable.

« La théorie du libre arbitre » est en réalité des plus obscures. Tout d'abord elle ne se fonde pas réellement sur la responsabilité individuelle. Celle qui découlerait de ce libre arbitre relèverait par contre d'une entité insaisissable et non pas d'une personne réelle. D'autre part, elle suppose qu'en ayant accompli tel acte, on aurait pu ne pas l'accomplir et agir d'une autre manière. Mais, ceci ne peut être démontré à défaut de l'expérience du possible.

Enfin toute action nous apparaît à la réflexion déterminée par des motifs. Dans le mythe d'Er, Platon lui-même reconnaît que les âmes choisissent leur destin en fonction de leur caractère, des expériences de leur vie antérieure. Il remarque, non sans finesse, que les plus honnêtes gens mal protégés par leur ingénuité même contre les tentations choisissent naïvement le destin, au fond enviable, d'hommes puissants, de tyrans. L'âme d'Ulysse toujours prudente et éclairée par ses aventures passées choisit le destin obscur d'un homme simple et tranquille[211].

b. Théorie rationaliste

La liberté, telle qu'elle est comprise à travers la théorie traditionaliste, peut sembler n'être qu'une illusion. Il convient de s'entendre d'abord sur le sens du mot liberté. La liberté n'est pas un libre arbitre gratuit, un mystérieux pouvoir de choix au-delà de tous les motifs. Etre libre, c'est

[211] *Ibid.*, (620a-621b), p. 385.

être libéré. L'homme libre est celui qui a cessé d'être esclave des préjugés et des passions, et dont la conduite est pleinement éclairée à la lumière de la vérité et des valeurs. Cet homme pleinement libre est pleinement responsable. Parfaitement lucide il a réfléchi avant d'agir ; aucune passion, aucun trouble n'a aveuglé sa décision : il ne regrettera pas son acte ; il se reconnaît en lui comme dans un miroir. Mais il n'est pas question de prétendre que cet homme aurait pu agir autrement. Il n'aurait agi autrement que s'il avait été, précisément esclave d'une passion, d'une impulsion aveugle, ou victime d'une ignorance. Il n'eût pas été libre s'il avait mal agi. S'il est vraiment libre, si la clarté de son regard et si ses possibilités d'action ne sont diminuées par aucune passion fâcheuse, il est alors évident qu'il fera le bien ; s'il fait le mal, c'est justement qu'il n'est ni sage ni réfléchi, qu'il n'est pas libre.

En fait tous les actes bons ou mauvais sont motivés et tout motif se présente à la conscience du sujet agissant comme une valeur. Quelqu'un a sauvagement assassiné un passant pour lui dérober de l'argent, d'après la théorie traditionnelle cet homme est « coupable », autrement dit connaissait la valeur morale éminente qui s'attache au respect de la vie humaine et s'est librement détourné de cette valeur. Mais cette analyse métaphysique ne correspond pas à l'expérience psychologique réelle. Si ce brigand a tué, c'est qu'au moment de son crime l'attrait de l'argent représentait pour lui plus de valeur que le respect de la vie. Cette dernière valeur était peut-être connue abstraitement, mais elle n'était pas réellement éprouvée, profondément vécue par le sujet. Sans quoi il se serait abstenu de son crime !

Être responsable, c'est connaître ses droits et ses devoirs, ses obligations : c'est se sentir garant d'une situation que l'on gère. Voici un époux qui trompe sa femme, il cède à l'attrait de l'aventure et du plaisir, ce qui a plus de valeur pour lui, à ce moment, que le devoir de fidélité. Il n'est pas responsable, mais irresponsable, car le bonheur de sa famille et l'avenir de ses enfants s'estompent quelque peu pour lui. Pour le comprendre, il importe de remarquer qu'il n'y a pas dans l'expérience morale concrète un bien et un mal absolus, mais une hiérarchie de valeurs. Les satisfactions apportées par l'argent sont une valeur, le plaisir sensuel est aussi une valeur. Sans doute l'honnête homme, l'homme libre – libéré des passions – éprouve intensément qu'il y a des valeurs supérieures : le respect de la vie, la loyauté, la bonne foi. Si certains agissent mal, autrement dit sacrifient les valeurs supérieures aux valeurs inférieures, n'est-ce pas parce que l'attrait violent des valeurs inférieures – plaisir, argent, puissance – a étouffé au moins l'exigence des valeurs supérieures ?

D'aucuns pourront m'objecter à tort ou à raison que cette analyse ne convient pas à tous les cas. Certes, certains coupables prennent le mal pour le bien et commettent des fautes avec ingénuité au nom d'une échelle des valeurs passionnelle – qui n'est pas la véritable échelle des valeurs. Mais d'autres n'accomplissent-ils pas le mal en pleine connaissance de cause alors même qu'ils saisissent parfaitement la juste hiérarchie des valeurs ? On cherche à faire du bien, mais on fait du mal. Ceci correspond aux dires de l'apôtre Paul lorsqu'il écrit dans la Bible[212] :

> Ce qui est bon, je le sais, n'habite pas en moi, c'est-à-dire dans ma chair : j'ai la volonté, mais non le pouvoir de faire le bien. Car je ne fais pas le bien que je veux, et je fais le mal que je ne veux pas. Et si je fais ce que je ne veux pas, ce n'est plus moi qui le fais, c'est le péché qui habite en moi. Je trouve donc en moi cette loi : quand je veux faire le bien, le mal est attaché à moi.

Contrairement au principe du « Léviathan » qui risque de promouvoir les désirs, les sentiments et la volonté du plus fort frauduleusement érigés en raison, la théorie rationaliste

---

[212] Romains 7 : 18-21.

s'identifie à la conception de Spinoza qui considère la raison humaine comme source de l'éthique, l'art de faire le bien[213].

> D'où suit que les hommes qui sont gouvernés par la Raison, c'est-à-dire les hommes qui cherchent sous la conduite de la Raison ce qui leur est utile, ne désirent rien pour eux-mêmes qu'ils ne désirent pour les autres hommes, et par conséquent sont justes, de bonne foi et honnêtes[214].

Dans son œuvre, donc, Spinoza recommande l'usage de la raison humaine qui se situe dans la nature intelligente (*conatus*) puisque le cœur de l'homme a toujours ses raisons que la vraie raison ignore. Cette raison d'essence intellectuelle permet à l'être humain de penser et d'agir indépendamment des passions du cœur.

Il est ainsi aisé de montrer que la théorie rationaliste ouvre ses horizons à l'éthique de responsabilité fondée elle-même sur le principe de précaution. Il s'agit donc de l'éthique en tant que théorie formulée, code à élaborer et science espérée. Sous l'angle théorique, cette dimension apparaît dans l'œuvre de Hans Jonas qui ne s'est pas seulement limité à la stigmatisation du système technicien à la manière de Jacques Ellul et ses disciples[215], Jonas a aussi préconisé des remèdes pour mettre en place une civilisation fondée sur des valeurs appropriées.

c. Théorie utopiste

La théorie utopiste se fonde sur l'éthique de la responsabilité. À la manière de la théorie rationaliste, elle est aussi conscienciste. Elle s'écarte de la voie du libre arbitre en ramenant l'homme au discernement des choses, à la reconnaissance du bien et du mal, bref à la raison. Elle est

---

[213] SPINOZA, *L'Éthique*, Paris, Éditions Gallimard, 1954, p. 284.
[214] *Ibid.*, p. 285.
[215] Les disciples de Jacques Ellul sont nombreux, dont l'auteur.

utopiste puisqu'il s'agit d'un devoir unilatéral : une responsabilité sans réciprocité.

La responsabilité en tant que principe, dans son sens subjectif, exige l'homme à reconnaître d'abord sa culpabilité dans l'effondrement de l'ordre naturel. Or le droit positif reconnaît que nul n'est conscient de ses propres turpitudes : c'est cela l'utopie. Le livre de Hans Jonas *Le principe responsabilité*[216] répond au souci de restituer des liens perdus entre l'homme et le monde naturel. L'auteur y exprime un besoin métaphysique et ontologique en se demandant comment développer « une éthique pour la civilisation technologique ».

Jonas part de l'idée que la Technique est à la base de la transformation du comportement humain. Sa théorie place ainsi l'homme à la croisée du biologique et du psychologique en dégageant une éthique qui s'emploie de proposer une solution idéale. Elle impose l'éthique de la Technique qui, à la différence des éthiques traditionnelles – simultanées et réciproques – présente des caractères efficaces et durables susceptibles d'avoir des effets positifs sur les générations futures. Selon la théorie utopiste, le savoir éthique traditionnel est devenu en partie inutilisable pour être relayée par l'appel à la conscience d'un excès de responsabilité urgent.

Selon Jonas, l'éthique de l'avenir doit s'écarter des principes traditionnels (égalité de droits et de devoirs entre les individus). Elle doit plutôt être centrée sur une responsabilité qui obéit à la règle de péréquation. En réalité il n'est pas question de droits, mais de devoirs entre l'homme et son milieu naturel. Il conviendrait que sa responsabilité s'applique partout où il y a vulnérabilité. Autrement dit la responsabilité doit être fondée non pas forcément sur la conscience du bien et du mal, mais sur une protection indispensable des êtres sans défenses. De la famille à l'État,

---

[216] Hans JONAS, *op. cit.*,

chacun doit se responsabiliser pour épargner ce qui est épargnant. Une évaluation des conséquences de la Technique sous forme d'inventaire se révèle indispensable pour la connaissance des dommages causés sur la Nature devenue objet de responsabilité.

La théorie utopiste, celle que Jonas appelle « la politique de l'utopie[217] » est à la fois moderniste et messianique. Moderniste, parce qu'elle se fonde sur une éthique qui responsabilise les systèmes politiques et économiques existants ; elle s'applique sur les comportements. Messianique, parce qu'elle présuppose une eschatologie de l'histoire dynamique, inconnue au préalable[218]. Non pas un messianisme qui prône la venue divine du Messie Rédempteur, mais qui propose à l'homme ce qui est digne d'accomplissement selon les normes humaines qui incombent à sa responsabilité. Ainsi l'éthique de la responsabilité, en tant qu'éthique de l'avenir, est tournée vers le passé dont elle s'inspire. Elle se fonde sur un sacré principe, celui de « précaution ». Son application fait appel à une nouvelle forme de nihilisme qui réveille les sentiments naturalistes et suscite la conscience collective.

2. Le principe de précaution

Importé de la médecine par le droit et la sociologie, le principe de précaution suppose l'application des mesures visant à prévenir un dommage qui pourrait être causé à l'homme ou à l'environnement par l'innovation, lorsque les connaissances scientifiques ne permettent pas de prévoir ce dommage avec certitude[219]. De nos jours, ce principe est

---

[217] *Ibid.*, p. 38.

[218] *Idem.*

[219] En France, depuis l'année 2005, le principe de précaution est inscrit dans la Constitution française (article 5 de la charte de l'Environnement).

régulièrement l'objet de débats en Occident, certains lui reprochant de freiner l'innovation.

D'abord, on a constaté que la technoscience, motrice de la recherche et de l'innovation, est désormais partout suspecte, voire désavouée comme partisane de l'éventuelle fin du monde. En Occident, les épisodes tragiques n'ont pas manqué de susciter cette méfiance : vache folle, sang contaminé, vaccination contre l'hépatite B, plantes OGM, antennes téléphoniques, pollutions des mers, déchets toxiques, etc. La question essentielle dans tout cela est de savoir distinguer entre la prévention, qui vise les risques avérés, et la précaution supposée ne viser que les risques non avérés, mais qualifiés de graves et irréversibles. Cette problématique consiste à cerner le contour du principe de précaution et d'en dégager les vrais risques susceptibles de causer des dégâts importants sur l'environnement, l'humanité et le cosmos.

L'autre question majeure est celle de l'anthropologie qui se met en place au nom de l'homme précautionneux de type africain ou médiéval, perpétuellement hanté par les catastrophes. Mais l'Homme occidental d'aujourd'hui, Technicien et Utilitariste à outrance, se détourne du principe de précaution au nom du progrès, risquant d'être lui-même l'auteur des catastrophes par l'excès d'audace inventive.

Bien que l'écologisme ambiant s'inspire de ce principe comme modèle, le prométhéisme des Lumières, la sagesse frugale du développement durable et l'ascèse que la communauté internationale exige, sont loin de répondre aux conditions du développement dont le principal moteur reste la croissance économique. À noter surtout que, paradoxalement, le concept de développement durable rime bien avec la décroissance. Dans la société technicienne, ce principe de précaution n'est alors qu'un leurre. Car, envisagé sous l'angle de la décision publique, il devient un simple principe

« parapluie » dont se couvrent volontiers les décideurs politiques.

3. Le biomimétisme dans le principe Gaïa

Le principe Gaïa est une grande marque de reconnaissance du droit de la Nature. Depuis la nuit des temps, l'être humain a toujours considéré la Nature comme sa propre mère. La représentation et la conceptualisation de ce rapport fondamental de l'humanité à la Nature qui lui servent à la fois de source d'approvisionnement et de grenier, sont décisives pour l'élargissement des consciences et des responsabilités aux vraies dimensions de l'existence collective. Tout compte fait, c'est peut-être en aménageant son jardin que l'humanité apprendra à y vivre comme en un jardin. Si le souvenir du jardin d'Eden habite l'inconscient collectif, ce n'est pas seulement comme nostalgie d'un paradis perdu, mais comme rêve d'une Nature à réorganiser de façon que tous y aient leur place et y trouvent les biens qui leur sont nécessaires. Cette vision se présente sous double aspect : celui de la Nature considérée comme un domaine immanent et éternel et celui de la Nature non pas comme patrie, mais comme une véritable *matrie* (selon l'expression de Roberto Da Matta[220]) en tant qu'espace qui englobe, de manière passive et généreuse, les plantes, les animaux et les hommes. En Afrique, chez les peuples luba, on retrouve cette *matrie* dans le conte populaire de *Kakaji kakulu* (petite vieille dame pleine de conjonctives sur la figure). Si *Kakaji kakulu* ressemble bien à Gaïa, *Cilume cikulu* (archi-vieillard) s'identifie lui en la technoscience. La première est donneuse de bons conseils et souvent porte bonheur, mais le second est meurtrier, tyran et terroriste. Ils jouent tous les

---

[220] Roberto DA MATTA, Autour de la représentation de la nature du Brésil : pensées, fantaisies et divagations, Dominique BOURG, *Les sentiments de la nature*, Paris, La Découverte, 1993, p. 121.

rôles des fils conducteurs sur une installation électrique : l'un positif, l'autre négatif.

La perception de la précarité ou des limites de ressources aussi élémentaires que l'air, l'eau, la terre ou le silence, ouvre les esprits à la nécessité de s'organiser pour les sauvegarder ou les restaurer. Mais l'homme n'est pas seulement le jardinier de la Nature ou le gardien du zoo. Il est là pour lui-même et doit produire ou faire produire à la Nature les moyens de subsistance et de son existence. C'est par-là que sont sorties l'expression et la pratique du « Biomémitisme[221] » : diverses manières d'imiter la Nature. C'est le fait de mettre de l'eau dans le vin : une manière de donner du sens à la technoscience.

Les mots grecs à l'origine du néologisme : *bio* désigne la vie et *mimesis* l'imitation. Il faut donc imiter le vivant qui est dans la Nature des choses. Voilà le sens exact de cette nouvelle idéologie. Cette manière d'aborder le vivant et d'agir sur lui, et la réflexion sur les phénomènes à l'interface entre Nature et société, se révèlent donc indissociables de contextes socioculturels. Les discussions liées à la crise écologique témoignent d'un constat expérimenté universellement, raison pour laquelle la dynamique sans cesse croissante de la technoscience devrait intérioriser de nouveaux concepts pour adapter les changements que produit l'augmentation de son pouvoir sur le vivant : procréation artificielle, thérapies géniques, cultures transgéniques, robotique, intelligence artificielle et technomédecine. Ainsi, pour pouvoir domestiquer cet arsenal de savoir-faire, la société devra envisager des voies et moyens dans le but de faire coexister les techniques de pointe dans les usages naturels.

Ainsi donc, le biomimétisme apparaît comme une alternative au paradigme productiviste : les humains devraient

---

[221] Perig PITROU et al., Modélisation, construction et imitation des processus vitaux. Approche pluridisciplinaire du biomémitisme, in *Natures Sciences Sociales*, 23, 2015, pp. 380-388.

s'attacher à imiter la Nature pour fabriquer des artefacts possédant des qualités spécifiques (résistance, ergonomie, etc.) ou pour agir au niveau des systèmes de relations entre les êtres. Le mimétisme est aussi une manière d'élaborer des techniques plus respectueuses de l'environnement. Car, si l'on veut s'engager effectivement dans la gestion de la Nature, il faudra plutôt s'habituer à la considérer non pas comme un bien à consommer, manipulable, mais comme « un patrimoine commun de l'humanité ». Un patrimoine n'est pas seulement destiné à être conservé, comme dans un musée, mais à être valorisé de telle manière qu'il serve l'intérêt général et, surtout celui des générations futures. Et le biomimétisme pourra répondre aux intérêts des générations futures lorsque la culture technicienne s'alliera à d'autres cultures. Dans ses études, Jeanine M. Benyus, montre que « Les savoirs traditionnels des sociétés non occidentales constituent un vaste registre dans lequel l'approche biomimétique peut trouver une multitude de procédés d'utilisation des espaces naturels[222] ».

4. Le consensus universel du patrimoine commun

La prise en considération de la fragilité de la base matérielle de l'existence humaine – la planète Terre – semble avoir précédé celle de la solidarité de l'espèce dans son exploitation ou sa mise en valeur. C'est, en fait, au sujet de biens encore vacants, c'est-à-dire non appropriés (en particulier dans les mers et océans), que la notion de « patrimoine commun » est apparue dans le débat international. Les nodules qui s'entassent sur certains fonds marins ou les poissons qui se reproduisent encore librement dans les océans deviennent des ressources dont on découvre qu'elles appartiennent à tous, ne serait-ce que parce que personne n'a pu, à temps, s'imposer comme étant le maître. Les matières

[222] Cité par P. PITROU et al., *ibid.*, p. 383.

fossiles comme le pétrole *offshore* situées dans la haute mer, posent encore problème et suscitent un terrible chassé-croisé parmi les puissances exploitantes. Dès lors, il est devenu pensable de s'organiser pour les exploiter ou, mieux, les gérer collectivement. Les innombrables sessions de la conférence des Nations unies sur le droit de la mer ont abouti à un consensus dont les normes seraient déjà élaborées pour éviter que ces Techniciens vampires qui disposent des moyens financiers et techniques puissants ne s'approprient encore une fois des biens censés appartenir à l'ensemble de l'humanité.

Sans doute n'assiste-t-on encore qu'aux premiers pas d'une entreprise collective dont nul ne saurait prédire qu'elle mobilisera les énergies. Mais le fait-même qu'elle ait été conçue comme possible et nécessaire ouvre des horizons pour une entreprise bien plus vaste qui consisterait en une gestion concertée.

La lutte contre la désertification est aussi urgente que la réglementation de la pêche, en attendant qu'on arrive à labourer la mer ou plutôt à élever et à sélectionner les espèces qui y pullulent, animales et végétales. S'il faut parler à ce sujet d'une appropriation collective de la planète considérée comme origine de tous les moyens de production de l'existence humaine en corrélation avec l'ingéniosité et la créativité des hommes eux-mêmes, il va de soi qu'une telle exploitation concertée des ressources encore disponibles ne sera possible qu'à la mesure de l'organisation négociée de tous ceux qui en sont parties prenantes.

Le principe du patrimoine commun s'étend aujourd'hui à tous les domaines de l'activité humaine. Les connaissances technologiques constituent en elles-mêmes un patrimoine pour l'ensemble de l'humanité, et aussi le génome humain, considéré comme une ressource naturelle essentielle à la survie de cette même humanité. La planète Terre elle-même constitue un patrimoine tellement que nul ne peut se permettre de s'exiler sur d'autres planètes, car la Terre est conçue uniquement pour les humains. Et ce terme de l'humanité dissimule derrière lui celui de générations futures.

En droit romain, comme l'affirme Marie-Angèle Herminette, le patrimoine représentait l'ensemble des biens d'un groupe familial, envisagés non pas comme une valeur, mais comme un objet à transmettre[223]. En tant qu'objet de transmission, précise l'auteur, il s'oppose aux '' biens'', notion purement économique. Son acception est plutôt sociologique, culturelle. Depuis qu'il a acquis son statut d'Anthropocène, le Technicien ne cesse de dilapider le patrimoine au grand dam d'autres cultures. Or, dans la société romaine antique, selon Hermitte, tout dilapidateur de son *patrimonium* – en amont comme en aval – était mal vu d'interrompre la chaîne d'une transmission dont l'institution familiale était publiquement investie[224]. Celui-ci était appelé « dégénéré » pour dire exclu, indigne de la chaîne des engendrements[225]. À cet effet, la génération présente ne peut se prévaloir d'aucun droit de modifier la structure du patrimoine, car elle ne connaît ni les besoins ni les désirs des générations futures. C'est dans cet esprit qu'en 1992 les États réunis à la conférence de Rio de Janeiro (Brésil) avaient consacré le principe du « développement durable ». Certes, on peut évaluer les ressources ou les mettre en valeur dans un sens positif et prometteur, mais on ne peut pas détruire ce qu'on a hérité des autres.

---

[223] Bernard EDELMAN et Marie-Angèle HERMITTE, *L'homme, la nature et le droit*, Paris, Christian Bourgeois Éditeur, 1988, p. 261.

[224] *Idem.*

[225] *Idem.*

II. L'ÉTHIQUE DANS LA SOCIÉTÉ TECHNICIENNE

1. Notions d'éthique

Le mot « éthique » vient du grec *Ethos*, qui signifie lieu coutumier, coutume ou caractère[226]. Selon Spinoza, il exprime l'art de faire le bien. Dans l'Antiquité grecque, il concernait la recherche d'une bonne manière d'être, ou la sagesse de l'action[227]. À ce titre, l'éthique englobe une philosophie qui ordonne l'existence pratique de la représentation du Bien. Ce terme aurait été forgé avec le plus de constance par les stoïciens qui l'ont placé au cœur même de la sagesse philosophique. Un sage n'est autre que l'individu à mesure de discerner les choses qui relèvent de son ressort de celles qui ne le sont pas, et sait organiser sa volonté autour des premières en endurant impassiblement les secondes. Alain Badiou confirme que les stoïciens avaient coutume de comparer la philosophie à un œuf, dont la coquille était la logique, le blanc la physique, et le jaune l'éthique[228]. On estimait que la vertu était source de bonheur, or il n'y a pas de vertu sans éthique. Là où des modes de vie et des institutions perdent leur validité évidente, l'éthique, conduite par l'idée d'une vie humaine riche de sens, cherche méthodiquement et sans référence ultime à des autorités politiques ou religieuses ou à des traditions vénérables ou éprouvées, à énoncer des propositions universellement valables sur l'action bonne ou juste.

Dans la conception aristotélicienne, l'éthique, outre sa signification stricte, prend aussi une signification large qui englobe l'économie et la politique. Elle est à la fois présente

---

[226] Otfried HÖFFE, *Petit dictionnaire d'éthique*, Fribourg, Éditions universitaires, Paris, Éditions du Cerf, 1993, p. 100.
[227] Alain BADIOU, *L'éthique. Essai sur la conscience du mal*, Paris, Hatier, 1993, p. 4.
[228] *Idem.*

dans la philosophie du droit, dans la philosophie politique et dans la morale sociale. Elle devient alors l'équivalent de la philosophie pratique. Pendant l'époque médiévale, l'éthique, empreinte de doctrine chrétienne, se confond avec elle. Désormais, elle est fondée sur la morale chrétienne. Toute conduite contraire à l'évangile est contre l'éthique. Bref, le fondement de l'éthique est religieux. Depuis les Temps modernes, le sens de l'éthique se concentre sur la philosophie morale (*philosophia moralis*) qui se préoccupe avant tout de l'aspect personnel de l'action juste, et qui met largement entre parenthèses la dimension politique et sociale. La question du sujet étant centrale depuis Descartes, le terme d'éthique devient synonyme de moralité ou de raison pratique (différenciée de la raison théorique). Les contemporains reprennent cette conception de l'éthique considérée comme principe de jugement des pratiques d'un sujet, que ce sujet soit individuel ou collectif. Ici, l'éthique prend la forme d'une loi universelle, d'un droit subjectif. C'est ainsi qu'Hegel introduit une nette distinction entre éthique (*Sittlichkeit*) et moralité (*Moralität*). Dans son livre *Phénoménologie de l'esprit*, il réserve le principe éthique à l'action immédiate, cependant que la moralité concerne l'action réfléchie. « L'ordre éthique consiste essentiellement dans la décision immédiate[229] », écrit-il. Dans la pensée contemporaine donc, telle qu'elle a été animée par Kant, Bergson, Spinoza, Habermas ou Jonas, l'éthique devient un principe d'action et s'inscrit dans les différents courants philosophiques.

De mon point de vue, l'éthique désigne un mode de rapport entre la culture et les mœurs, la conscience et le comportement. Son application s'interprète comme l'usage d'un contrat social que l'homme accepte de conclure avec lui-même pour l'intérêt de la société. L'éthique suppose

---

[229] HEGEL, *Phénoménologie de l'Esprit*, Tome 2, Paris, Aubier, 1966, p. 32.

donc cette conscience synchronique de faire usage de ce qui est bien et de rejeter ce qui est mauvais. Lorsqu'un sorcier, habitué à hanter la Nature, cesse de l'être et se ramène sur le bon droit comportemental, il rentre sur les rails de l'éthique. Il s'agirait de même pour les charlatans de la Technique et autres apprentis sorciers de la société technicienne. C'est aussi une interpellation intérieure sous-tendue par des exigences contraignantes. En Afrique le ressort de l'éthique n'incombe pas à la philosophie comme dans la société occidentale, mais à la sociologie pour permettre à la société de se prendre directement en charge. Cette possibilité est une piste aux agents sociaux qui peuvent mobiliser les énergies par des discours susceptibles de résorber « la faillite du sens[230] » qui ronge la société. Ainsi l'éthique devient un instrument servant à remblayer le vide du sens que peut entraîner la culture technicienne, un civisme pour les membres de celle-ci.

Selon Alain Badiou, l'éthique en tant que morale générale reste illusoire. L'auteur n'en reconnaît que quatre types fondamentaux : l'éthique de la politique, de l'amour, de l'art et de la science. Il en arrive à conclure que chaque animal humain, en participant à une telle vérité singulière, s'inscrit dans un des quatre types subjectifs[231]. L'auteur cite la science, mais ici je m'attellerai à l'éthique de la techno-science qui me semble plus pertinente pour mon propos. Je voudrais lever l'équivoque concernant le rapport sémantique entre l'éthique et la morale.

2. Éthique et morale : équivoque et nuances

Généralement éthique et morale s'emploient l'une pour l'autre, sans distinction préalable. Ces deux termes se

---

[230] Jacqueline RUSS, *La pensée éthique contemporaine*, Paris, PUF (Que sais-je ?), 1994, p. 6.
[231] Alain BADIOU, *op. cit.*, p. 28.

rapprochent tellement que l'un perd son sens sans l'autre, et à plus forte raison l'éthique se présente comme l'enveloppe de la morale. Les deux termes deviennent ainsi interchangeables à cause de leur compatibilité.

Dans la pensée éthique contemporaine, Jacqueline RUSS écrit[232] : « si le terme d'éthique est d'origine grecque (*ta èthè* ou les mœurs) et celui de la morale, d'origine latine (*mores* ou coutumes), les deux renvoient à des contenus voisins, à l'idée de mœurs, de coutumes, de façons d'agir déterminées par l'usage ». Certains sont ceux qui pensent que l'éthique remplace la morale révolue. Valeurs, coutumes et traditions anciennes étant devenues inopérantes, l'éthique prend le relais. Ils la définissent ainsi comme un ensemble de nouvelles valeurs qui engagent le sujet, le désir, la parole et la relation. « La morale est morte, vive l'éthique », écrit Jean-Paul Resweber[233]. On voit donc apparaître ici une franche mise à l'écart de la morale en faveur de l'éthique.

En réalité, éthique et morale coexistent sans se confondre. L'éthique relève de la culture moderne, la morale de la culture-nature (tradition). Autrement dit, l'éthique fait appel à la culture du comportement et à la conscience sur les mœurs, tandis que la morale cherche à adapter la tradition au comportement, les habitudes aux mœurs. Un homosexuel (*cilume cikaji*, littéralement homme efféminé) représente un cas social qui relève de la morale en Afrique. Il entraîne une stigmatisation de l'ensemble de la famille. En Europe, cette situation reste individualisée, elle est comprise comme un cas psychologique. Mais la transsexualité en soi ramène l'entendement à l'éthique. Quoi qu'il en soit, Éthique et morale, en tant que systèmes de valeur, poursuivent un

---

[232] Jacqueline RUSS, *op. cit.*, p. 5.

[233] Jean-Paul RESWEBER, Le questionnement éthique, Paris, CARISCRIPT, 1990, p. 17.

même but, même objectif. Ils exploitent les mêmes normes et reproduisent les mêmes stéréotypes[234].

En dépit d'une telle coexistence terminologique, des caractères distinctifs ne passent pas inaperçus. La morale connaît des interdits, alors que l'éthique fonctionne librement. Les deux se frayent une destination commune tout en ayant des provenances différentes. L'éthique, lorsqu'elle est appliquée, elle représente un pur produit de la culture en tant que résultat positif du contrat entre l'homme et la Nature. Dans le système technicien, par exemple, elle obéit à la volonté et décision personnelles. Par contre, la morale qui émane de la sensibilité intérieure, c'est-à-dire de la conscience individuelle ou collective, est dictée par la coutume. L'éthique interdit d'interdire et se limite à limiter la frontière du comportement social. « Si la morale contraint la liberté, écrit Resweber, l'éthique, en revanche, l'interpelle[235] ». Et selon Jacqueline Russ, l'éthique s'efforce de déconstruire les règles de conduite qui forme la morale, les jugements de bien et de mal qui se rassemblent au sein de cette dernière. L'éthique n'est pas une morale qui, selon cet auteur, n'est qu'un ensemble de règles propres à une culture ; elle est une « métamorale », une doctrine qui se situe au-delà de la morale, une théorie raisonnée sur le bien et le mal, les valeurs et les jugements moraux[236]. L'éthique détermine le bien à partir du mal, et inversement le mal à partir du bien. Elle n'exclut pas le mal comme fait la morale, elle le cerne et le neutralise. Elle condamne tout ce qui peut nuire à l'essence de l'homme et à l'ordre de la Nature. C'est cela qui détermine d'ailleurs sa figure nihiliste.

---

[234] *Idem*.

[235] Jean-Paul RESWEBER, *op. cit.*, p. 10.

[236] Jacqueline RUSS, *op. cit.*, p. 5.

3. Le caractère nihiliste de l'éthique

Il n'est toujours pas de bon ton de parler de l'éthique, tant sont nombreux ceux qui ont l'impression d'avoir été, d'une manière ou d'une autre, brimés par des normes imposées sans être mises en perspective. L'éthique n'interdit pas comme fait la morale, elle propose ce que l'on doit faire. Elle balise la route de la moralité, en récusant l'amoralité présente et en revendiquant les valeurs ontologiques tombées en crise. Il s'agit là d'une réaction qui succède au nihilisme lui-même. Réaction au nihilisme, tout d'abord parce que l'humanité commence à prendre conscience, à récuser la réalité technicienne méconnaissant que dans l'ordre naturel, l'homme ne doit pas faire l'objet de modification. Enfin, l'éthique devient elle-même négation du moment que cette accusation humaniste s'attaque à l'utopisme qui persiste au détriment des mœurs ontologiques, qui cautionne et multiplie les risques d'une catastrophe d'origine anthropique, technicienne.

Puisque la libération des mœurs qui, dans bien des cas, représente un progrès, risque de se combiner avec l'amoralité de bien de politiques pour freiner la mise en œuvre d'une nouvelle moralité publique, l'éthique intervient pour remettre en cause ce qui est donné. Sans elle pourtant, on voit mal comment l'humanité pourrait effectivement se prendre en charge collectivement, et assumer ses responsabilités.

On peut cependant constater que, depuis quelques années, l'appel éthique est de plus en plus souvent repérable dans le discours politique national ou international, académique ou scientifique. Selon certains, il y aurait lieu de craindre qu'il s'agisse d'un vœu d'impuissance des hommes politiques ou des responsables internationaux dont le pouvoir est limité par les délégations d'autorité qui leur sont faites sous le contrôle pointilleux des États toujours soucieux de leurs intérêts. L'urgence éthique est la conséquence du changement de l'agir humain : le danger de porter atteinte à l'essence humaine par la manipulation génétique, par exemple, exige un contrôle politique du comportement pour éviter un tel dérapage. Toutefois, avant d'être politique, l'éthique doit être un phénomène individuel. L'expression même de la loi universelle telle que l'énonce Kant en définit les contours : « Agis de telle sorte que tu puisses également vouloir que ta maxime devienne une loi universelle ». Hans Jonas[237] s'en saisit de son côté et quadruple cet impératif en formulant les axiomes suivants :

> Agis de façon que les effets de ton action soient compatibles avec la permanence d'une vie authentiquement humaine sur terre ;
>
> Agis de façon que les effets de ton action ne soient pas destructeurs pour la possibilité future d'une telle vie.
>
> Ne compromets pas les conditions pour la survie indéfinie de l'humanité sur terre.
>
> Inclus dans ton choix actuel l'intégrale future de l'homme comme objet secondaire de ton vouloir.

Ces impératifs jonasiens répondent au souci de protéger une vie fragile, non pas pour son propre intérêt, mais pour l'intérêt de l'humanité future. Sur ces recommandations, Jonas souligne que l'homme présent a le droit de risquer sa propre vie, mais non celle de l'humanité. Il doit agir comme Achille qui avait accordé préférence à une vie brève auréolée d'exploits glorieux, plutôt qu'une longue vie de sécurité sans gloire[238]. On décèle donc chez Jonas cette volonté de formuler une éthique universelle, semblable à celle déjà énoncée par Kant. Mais dans le contexte de l'époque actuelle, l'auteur insiste sur l'éthique de la société technicienne qui doit être fondée sur la protection inconditionnelle de la Nature animée et inanimée. Il s'agit

---

[237] Hans JONAS, *Le principe responsabilité. Une éthique pour la civilisation technologique*, Paris, CERF, 1990, pp. 30, 31.
[238] *Ibid.*, p. 31.

d'une éthique de responsabilité, celle qui accepte que l'on soit redevable sans droit de réciprocité.

III. ÉTHIQUE JONASIENNE DE RESPONSABILITÉ

Toute application de l'éthique dans une société poursuit une vie bonne, meilleure et responsable. Elle requiert une mise en pratique de normes générales de la vie, des recommandations et avertissements spécifiques aux bonnes manières de vivre liées à la responsabilité de chacun vis-à-vis du milieu naturel, en général, et à l'égard du genre humain en particulier.

La responsabilité, telle que Jonas l'a définie, est celle des uns pour l'intérêt des autres, un rendement à sens unique, sans contrepartie. Ce penseur en donne deux modèles : la responsabilité parentale et la responsabilité politique.

La responsabilité parentale, familiale, concerne l'enfant envisagé en son être total, et non pas seulement dans ses besoins puérils. Elle fait son chemin sans continuité tant que la vie du sujet est en action. Elle ressemble un peu plus à celle du père d'Émile que décrit Rousseau, butant sur l'avenir de l'existence de l'enfant. La responsabilité parentale exerce son action dans une sphère domestique, mais la responsabilité de l'homme d'État porte sur la vie de la collectivité. Dans ses fonctions régaliennes, l'homme d'État reste le garant des intérêts supérieurs de ceux-là qui ont légitimé son pouvoir. Son action bonne ou mauvaise détermine l'avenir de la société future.

Cette riche réflexion élargit le principe de responsabilité à l'*alter* humain et à l'environnement, en faisant participer les intérêts des générations futures. Il s'agit d'une responsabilité qui ne porte non pas sur un avenir proche, mais lointain, très lointain. Et Gilbert Hottois de surenchérir : « La question éthique est liée à la dimension du futur et à la technoscience d'une façon générale et concrète[239] ». Face à ce problème, je pense que les générations actuelles devraient faire face à ces trois principaux types de responsabilité afin de relever le défi de la réglementation de l'ensemble du système technicien : à l'égard du milieu naturel (éthique écologique), à l'égard de l'homme (éthique humaniste), et à l'égard de la communauté (éthique de solidarité).

1. Éthique écologique

L'éthique écologique tire sa substance dans les expressions ci-après : « droit de l'environnement », « protection de l'environnement », « développement durable », etc. Elle se fonde sur le principe selon lequel les générations futures ont droit autant que l'actuelle à un air sain, une eau pure et des forêts vertes. Or ce droit est menacé et le risque d'une explosion écologique ne cesse de s'alourdir. Ce danger que fait peser sur l'environnement l'exploitation incontrôlée des ressources naturelles de la Terre est déjà universellement connu. Le monde se mobilise de plus en plus et les exigences de la responsabilité préventive s'imposent. La communauté internationale porte foi au principe d'un développement durable, soutenable. L'objectif est de concilier, à l'avenir, les schémas de production et de consommation à ce que l'écosphère pourra supporter à longue échéance.

Certes, la communauté internationale a adopté un programme qui vise plus à agir qu'à réagir, mais des actions essentiellement correctives n'ont toujours pas été couronnées de succès, en dépit des résolutions prises à partir de la conférence de Paris en novembre et décembre 2015, l'œuvre d'un consensus de pouvoir fixer les émissions des gaz en dessous de 2 °C, comme je l'ai souligné plus haut à propos du Cop 21. Je signale en passant qu'une première s'est

---

[239] Gilbert HOTTOIS, *Pour une éthique dans un univers technicien*, Éditions de l'Université de Bruxelles, 1984, p. 47.

produite en marge du sommet de G 20 en septembre 2016 à Hangzhou : la Chine suivie par les États-Unis, ratifiaient l'accord de Paris sur le climat !

2. Éthique humaniste

De plus en plus, on se rend compte que les organisations qui seront nécessaires à l'échelle mondiale ne seront possibles qu'à la condition d'un engagement éthique dont le minimum est la reconnaissance de l'homme par l'homme en homme. Aussi élémentaire que puisse paraître ce minimum, il est loin d'être acquis, du moins dans la pratique. La violence destructrice demeure sous-jacente à la civilisation technicienne : il suffit parfois d'un moindre dérèglement des systèmes de normes pour qu'elle se déchaîne. Qu'on en demeure stupéfait quand on en est le témoin ne prouve pas qu'on en soit à jamais indemne. L'homme ne cesse d'être un loup pour l'homme à force de se laisser façonner par l'éducation et la culture, les lois, l'éthique, la religion quand elle est vraiment régulatrice des passions qu'elle peut mobiliser.

La foi en l'homme apparaît de plus en plus comme condition de l'avenir de l'humanité. C'est peut-être là où la vie est le plus directement menacée, par la misère ou l'oppression, qu'on la voit se manifester avec la plus réelle assurance. Quand l'homme se trouve devant la mort ou la vie, il choisit la vie et, par la-même, la condition de la vie qui est le respect de la vie humaine et l'organisation nécessaire pour la rendre possible. Or l'instinct de haine envers l'autre reste une réalité permanente dans l'homme qu'il conviendrait, à défaut d'éthique, le tempérer par un droit abstrait et pourquoi pas concret. Demandons-nous quelle couleur revêt exactement le cœur de l'homme qui fabrique des mines anti-personnelles, des bombes artisanales, ou lorsqu'on les pose au sol pour détruire les innocents. Et malgré des cris de paix, les nations se font la guerre avec du matériel balistique de pointe, utilisant parfois l'arme chimique caractéristique de l'esprit de mort.

C'est quand on aura fini d'explorer toutes les perversions ou les dénégations de soi dont l'homme est porteur, qu'on se remettra à croire à la créativité, à la solidarité, à la fraternité dont il est aussi capable de porter en lui les germes, et l'élan à prendre tant qu'il n'a pas renoncé à se réaliser en humanité. Que dans bien des révolutions récentes on ait rêvé de créer un homme nouveau, que, à la longue, on en revienne au constat de l'humain, trop humain, est significatif de la prise de conscience diffuse de la place centrale de l'homme en politique comme en toute chose. Mais pour l'instant, tout humanisme paraît désuet tant que l'aboutissement de toutes les investigations rationnelles reste la réduction de l'homme en élément naturel. Après la démystification de tout ordre qui cache un désordre établi, apparaîtra donc la négation du sujet qui ne serait qu'une fatale illusion.

Produit de l'évolution cosmobiologique et de sa propre histoire – c'est incontestable -, le sujet se pose cependant en lui-même, face au monde et aux autres sujets, irréductible, même quand autour de lui il affirme que son auto-positionnement relève du délire. Comme le roi sumérien Gilgamesh ci-dessus évoqué, le délire habite les hommes de tous les temps. De tels projets sont ambitieux, transformant bientôt en réalité l'hypothèse de repousser la mort. De nos jours, la médecine est déjà passée du soin du corps à sa réparation : une merveille, certes, mais les transhumanistes qui prônent ouvertement l'amélioration de l'humain, veulent aller bien plus loin pour rien. L'homme, c'est quand il naît, grandit et meurt suivant un *timing* que lui confère la Nature.

3. Éthique de solidarité

Le sens de responsabilité collective de l'humanité, le sens de la solidarité, la résistance à l'inégalité qui devient injuste quand certains manquent du nécessaire – c'est le critère irrécusable du passage de l'inégalité à l'injustice – sont parmi les axes qui s'entrecroisent dans la structuration de l'éthique sociale. C'est banaliser le terme de l'amour lorsqu'on en appelle à l'éthique profonde, faisant semblant d'aimer les bêtes pendant qu'on se montre indifférent aux misères de ses semblables. L'individualisme triomphe sur la solidarité puisque les hommes sont dépourvus des sensibilités éthiques.

La solidarité dont je parle ici n'est pas celle porteuse de la notion philosophique ni d'une théorie achevée ; elle se veut une *praxis*. La caractéristique générale des notions est qu'elles se laissent assez facilement définir. La pratique en revanche reste toujours un peu vague. Elle est plutôt une manière d'être, de vivre, l'expression de l'état réel qu'un modèle à suivre. En tant que pratique, la solidarité tire son origine dans la conscience. Elle se nourrit du cœur de l'homme et non du langage. Beaucoup de chrétiens le sont de nom, mais leurs cœurs restent foncièrement en état de perversion, de haine et d'égoïsme[240]. Les musulmans, eux, ont prouvé au monde combien la haine et la violence étaient le soubassement de leur foi. Or la *praxis* de solidarité se trouve fondée sur la reconnaissance de l'*alter ego*. Il s'agit d'une éthique de partage axée sur le principe selon lequel l'être humain est doué d'une conscience. Et Joseph Tischner[241] de surenchérir que l'homme est pourvu d'un sens éthique naturel dans une large mesure indépendamment

---

[240] Les religions étrangères sont à la base des défaillances des mentalités chez les Africains. Car en matière d'éducation, on montre ce qui est bon ou mauvais, mais on n'en impose pas la connaissance, car « aimez-vous les uns les autres » insinue en dérision « haïssez-vous les uns les autres ». En Afrique précoloniale, on savait ce que c'est « aimer » avant même l'introduction de ces doctrines ayant conduit à l'inversion des valeurs.

[241] Joseph TISCHNER, *Éthique de solidarité*, Limoges, Librairie Adolphe Ardant-Criterion, 1983.

des systèmes éthiques. Ce sens éthique naturel – volontariste – lui permet de se reconnaître dans l'autre.

Des slogans tels que « mouvement-solidarité », « communauté-solidarité », « emploi-solidarité », etc., témoignent du souci de la société à réaliser un certain défi fondé sur la logique du « Bon Samaritain », très souvent absente dans les comportements humains. La solidarité entre les hommes et les peuples reste le corollaire du bien-être collectif qu'elle se doit de pourvoir. « L'un sème, tous récoltent », stipule un adage africain. Cette notion est en voie de correction dans la société technicienne.

IV. LES GARANTIES PRÉSOMPTIVES DE L'ÉTHIQUE APPLIQUÉE

L'éthique appliquée laisse facilement entendre qu'il s'agit de l'application d'une théorie éthique pouvant s'imposer dans plusieurs domaines ou s'adresser aux différentes catégories sociales. Elle s'adresse aux hommes des sciences, aux hommes politiques, et à d'autres classes sociales susceptibles d'assumer des responsabilités dans leur société. Monique Canto-Sperber estime que « l'éthique appliquée présente des caractéristiques qui s'opposent précisément à un modèle déductiviste en philosophie morale et à une séparation nette entre théorie et pratique[242] ». Pour cela, deux garanties s'offrent et s'organisent de plus en plus dans le système technicien parmi une certaine société scientifique en connivence avec la société civile.

1. L'Éthique scientifique

L'éthique scientifique concerne l'homme de science, c'est-à-dire celui qui découvre, qui invente, en un mot le

---

242 Monique CANTO-SPERBER, *Dictionnaire d'éthique et de philosophie morale*, Paris, PUF, 1996, p. 538.

savant. On sait que l'objectif de la science est de connaître la Nature par la découverte de ses lois dans le but de les faire servir aux progrès de la société. Cette idée de science fort rassurante n'est pas d'actualité, mais ceux qui détiennent la table des lois naturelles sortent de leur déontologie en devenant des savants fous, capables de produire n'importe quoi à l'aide des formules scientifiques dont ils ont la connaissance.

Dans tous mes écrits, j'ai déjà montré avec stupéfaction combien dans le système technicien la science ne se borne pas à connaître la Nature, mais cherche à réinventer sa propre nature. À partir d'un tel procédé, elle n'arrive pas à une réelle réinvention, mais plutôt à la violation de la Nature inviolable. Le savant, auréolé de ses connaissances indubitables, cherche par tous les moyens à confirmer sa marginalité et son indépendance souvent tyrannique. Alors même qu'il pourrait se procurer une détente et un repos que son métier peut lui offrir, le savant se trouve généralement victime de toutes ses habitudes d'esprit, qui le poursuivent là même où rien ne l'appellerait à faire usage de ses facultés ultra-intellectuelles de recherche et de démonstration. Par habitude, il ne continuera toujours à ne voir chaque chose de la vie que du côté superficiel et artificiellement faussé, ce qui est d'autant plus navrant qu'il s'agit ici de circonstances dans lesquelles il ne peut entreprendre généralement aucun travail scientifique utile suivi sur son objet. Il subit d'abord l'obsession du problème dans lequel il est spécialisé et qui ne le lâche pas. Il subit ensuite un entraînement de l'habitude qui l'empêche de voir l'ensemble des questions-mêmes où il ne peut se spécialiser scientifiquement et où rien, sans cette habitude, ne l'empêcherait absolument de désirer entrer en contact avec le réel par les voies ultra-intellectuelles. Mais cette habitude invétérée entrave son observation par les méthodes artificielles qui lui sont propres, alors-même que de toute évidence il ne disposera pas enfin de la continuité d'études nécessaire pour obtenir dans ces incidences le plus petit résultat scientifique.

Que faudrait-il alors pour qu'un savant puisse de temps à autre quitter la science pour la Nature, y trouver un renouvellement des forces de la sensibilité – comme du temps de Copernic, Galilée, Paracelse ou Bacon -, élargir immensément par elles ses facultés humaines et le champ de ses connaissances ? Il y aurait folie, disais-je, à vouloir rechercher l'un des deux états à travers l'autre, la coexistence momentanée n'entraînerait que lutte de l'un avec l'autre, attractions et répulsions successives, épuisement et stérilité. Il faut donc passer consciemment et bien distinctement de l'un à l'autre de ces deux états, et c'est sans doute toute une question d'éthique.

Question d'éthique suppose qu'il convient absolument que la pratique de la science soit réduite à ce qui lui est strictement nécessaire, c'est-à-dire qu'elle perd la forme de l'obsession, de la préoccupation fixe et constante. C'est aussi une question de souplesse. Le Technicien, de par son esprit catégorique et étroit est-il capable de cette souplesse ?

Dans un ouvrage collectif, E. Ferrarotti montre que « l'humilité du savant face à la Nature est une humilité apparente, une attitude tactique, une ruse pour désarmer l'adversaire et le frapper au moment où il ne s'y attend plus, c'est l'humilité qui prépare le triomphe[243] ». Pour parvenir à bien maîtriser la Nature, il convient de lui obéir. Je me permets de souligner de mon côté que le respect de la Nature est le commencement de la sagesse. Cette sagesse devra se remarquer dans la manière de condenser le programme de la recherche, qui depuis Copernic jusqu'à la fission contrôlée de l'atome, a occasionné un progrès incontestable. Garante

---

[243] E. FERRAROTTI, La transcription rationnelle du sacré et du religieux, sous la direction de J.P. RESWEBER, *Langages et déplacements du religieux*, Paris, Éditions du CERF, 1987, p. 54.

présomptive de l'éthique, elle doit trouver son expression dans la force organisatrice et intellectuelle de la science.

2. La bioéthique (éthique de la génétique)

Le thème du droit à la vie acquiert aujourd'hui une valeur primordiale et cruciale pour l'ensemble des droits de l'homme. Étant donné que le respect de cette valeur universelle conditionne l'existence même du sujet de ces droits dans ce monde ultramoderne, il a fallu qu'une discipline autonome existe. Celle-ci a pour champ d'investigation les questions éthiques de la naissance, de la vie et de la mort, notamment en relation aux nouvelles découvertes et possibilités de la recherche biomédicale[244].

La bioéthique est donc cette nouvelle dimension de l'éthique médicale qui a vu le jour depuis que la responsabilité médicale existe comme couverture de l'individu à l'égard des bévues de la médecine. D'abord, il s'agissait seulement d'une déontologie médicale définissant la manière de se conduire du médecin, conformément à la prescription du serment d'Hippocrate. Le plus grand principe de cette déontologie est le respect du secret médical. Les États et surtout les confessions religieuses commencèrent à faire appel à la bioéthique pour condamner tout acte lié à la suppression de l'embryon humain et du fœtus humain. Peu après l'attention se porta sur le don d'organes, si bien qu'on semble toujours ignorer leur ignoble trafic. Le progrès technique médical prouva au monde que le cadavre humain ressemblait à une épave d'automobile qui sert en pièces détachées à la réparation des véhicules en panne. On en est à la xénogreffe susceptible d'accentuer le débat évolutionniste sur le rapport de consanguinité entre l'homme et l'animal. Certains esprits commençaient aussi à considérer

---

[244] Otfried, HÖFFE, *op. cit.*, pp. 28-29.

l'euthanasie comme viol du droit à la vie, quel que soit le caractère incurable du patient.

Le développement spectaculaire de la biologie moléculaire apporta des méthodes scientifiques ouvrant sur l'eugénisme et à la procréation médicalement assistée. L'âge d'or du génie génétique n'est pas – comme on le faisait entendre dans les années 90 - la pratique du clonage qui menaçait l'intégrité du genre humain, mais le transhumanisme qui s'imposera bientôt dans la technomédecine. Toutes ces méthodes n'ont pas moins suscité critiques et controverses dans divers milieux - scientifiques et sociaux - comme je l'ai montré ci-haut en ce qui concerne le transhumanisme. On parle de pratiques cruelles et antinaturelles, mais le Technicien-médecin rétorque qu'il est, au contraire paradoxal d'empêcher le progrès de la médecine. Il veut s'approprier l'être humain en sollicitant des brevets. Ce n'est que le début d'une longue aventure qui continue de faire son chemin ! Il ne se demande même pas combien de nanomédicaments l'homme modifié et augmenté devra-t-il avaler au quotidien pour tenir le plus longtemps possible ? Devra-t-il comme une voiture, subir une révision de ses organes artificiels quand elle tombe en panne ?

Mais, puisqu'on ne peut empêcher le progrès de faire son chemin, faut-il par principe rejeter tous ces moyens ou bien en accepter quelques-uns et rejeter d'autres ? Certes, il serait difficile aux différentes sensibilités de fixer les limites. Je pense que pour y parvenir, il suffirait qu'un Léviathan puisse s'imposer et que la technoscience consente à céder une partie de son pouvoir. Ce Léviathan prendrait le soin d'administrer une potion magique qui inhibe tout instinct technicien, mais encore faudrait-il que tous les Techniciens acceptent de s'en abreuver. Ce que je propose pour réguler l'univers technicien, c'est que les protagonistes empruntent d'autres modèles d'intervention.

V. MODÈLE D'INTERVENTION AFRICAINE : ÉTHIQUE DU PACTE

Plus haut, je venais de citer Janine Benyus affirmant que les savoirs traditionnels des sociétés non occidentales constituent un vaste registre dans lequel l'approche biomimétique peut trouver une multitude de procédés d'utilisation des espaces naturels. Car l'ethnologie qui étudie les pratiques et les représentations de ces sociétés, et l'anthropologie, qui s'applique à les comparer entre elles, sont donc des disciplines indispensables pour comprendre en profondeur les dynamiques à l'œuvre quand les humains imitent les êtres vivants ou respectent leurs *totems*. En effet, les sociétés africaines vivent continuellement avec des restrictions qu'elles appellent « tabous ». Dans leurs activités, les Africains se limitent en deçà de la Nature qu'ils ont bien toujours vénérée contrairement aux Occidentaux. Le par-delà reste un domaine de sollicitude rattaché au pouvoir cosmique. Le concept de Nature, élaboré tardivement en Occident, unifie la diversité des éléments naturels d'une manière qui est loin d'être partagée par tous les peuples du monde, en commençant par les peuples d'Afrique, qui eux, savent distinguer quatre ontologies explorées par l'humanité : animisme, totémisme, naturalisme et analogisme.

Les Africains sont très conscients du mal qui règne dans le monde et que, de diverses façons, ils essaient de le combattre [245] . Ils s'imprègnent de l'idée que tous les phénomènes malheureux qui s'abattent sur le monde proviennent de la colère de Dieu. Il existe diverses opinions sur l'origine du mal. Bon nombre de sociétés affirment catégoriquement que Dieu n'a pas créé ce qui est mauvais et qu'il ne leur fait aucun mal. Les Baluba au Congo, par exemple, estiment que rien ne peut dépasser la force divine.

---

[245] John MBITI, *Religions et philosophie africaines*, Yaoundé, Éditions CLE, 1972, p. 212.

« Quelles que longues soient-elles, les oreilles ne dépassent jamais la tête », font-ils constater. Car c'est la tête qui supporte toujours les oreilles. Différents mythes africains racontent que, lorsqu'à l'origine Dieu a créé l'homme, il existait entre eux une harmonie et une relation familiales ; les premiers hommes ne prenaient plaisir qu'à ce qui était agréable à Dieu, c'est-à-dire ce qui était bon. Certaines sociétés pensent que le mal est l'émanation des êtres spirituels - les « Élois »[246] - autres que Dieu ou qu'il leur est associé. Une partie d'entre elles personnifie le mal lui-même. Pour les Luluwa de la République démocratique du Congo comme pour les Chona du Zimbabwe, il existe une divinité du mal (que les Luluwa appellent *Nkwembi*) que Dieu a créé comme bonne, mais qui, par la suite, s'est retournée contre Lui et a commencé à faire le mal. Cette divinité est toujours assistée par des esprits malins ; tout ce qui est mauvais provient désormais de cette source. Ainsi, comme John Mbiti l'affirme, le monde est le théâtre d'une sorte de duel entre les forces bonnes et mauvaises. Selon cet auteur, certains peuples d'Afrique voient dans la mort, les épidémies, les sauterelles, les changements climatiques et autres catastrophes, l'œuvre des divinités ou les effets causés par les divinités. Autant la technoscience est divinité dans la civilisation technicienne, c'est normal qu'elle endosse une telle responsabilité.

Pour résoudre une telle problématique en Afrique, on recourt très souvent à une démarche quasi-religieuse après avoir disséqué le mal en question. Cette démarche s'accompagne toujours des rites et chaque société utilise des procédures appropriées concernant les cérémonies et les rites.

En général, lorsqu'une faute (entendez déviance) a été commise, il est nécessaire d'accomplir une purification. À

---

[246] Au singulier Élohim : génie du monde invisible avec pour mission d'administrer la cosmogonie dans toutes ses dimensions.

ce sujet, John Mbiti[247] trouve l'exemple chez les Kikuyu du Kenya qui célèbrent le rite de « vomir le péché » pour purifier une personne du mal rituel. On abat une chèvre et on prélève le contenu de son estomac. Souvent, la cérémonie se déroule en présence d'un ancien chargé d'en assurer la présidence, mais dans le cas de fautes graves le guérisseur est requis. Le contenu de l'estomac est tout d'abord mélangé à beaucoup d'ingrédients, puis l'officiant dépose à l'aide d'une brosse une portion du mélange sur la langue du coupable tout en énumérant les fautes commises. À chaque fois le coupable crache le mélange par terre. Puis les murs de sa maison sont enrobés de ce même mélange. Si la maison n'est pas purifiée, il faut la détruire. Ce rite est d'un symbolisme facile à saisir.

Mais très souvent partout en Afrique, tout acte de purification s'exécute par la parole, en commençant d'abord par l'oraison, ensuite l'acte de jugement, et enfin le serment qui est aussi une forme de parole de reconnaissance. Dans cette démarche, les incantations, les invocations, les supplications et les recommandations accompagnent le dispositif rituel.

1. L'oraison

En Afrique précoloniale, le principe de précaution était bien connu et s'appliquait toujours avec rigueur. On demandait à tous ceux qui entreprenaient une activité productive (chasse, pêche, cueillette...) d'apporter d'avance la preuve de l'absence de risque qu'ils courent ou font courir aux autres. Chaque entrepreneur détenait sur lui, sous forme d'amulette, une protection des mânes de ses ancêtres. Mais, avant de s'engager dans une action productive, chaque catégorie de métiers devait se rendre à un lieu de ralliement : le bord d'une rivière ou devant un arbuste (*cinkunku*). Le

[247] *Ibid.*, p. 218.

cinkunku ou *muci wa cinkunku*[248], était réservé uniquement aux chasseurs pour leur permettre d'épurer, soit leurs divergences, soit leurs sacrilèges. Tous se plaçaient autour de cet arbuste pour confesser avant d'aller en besoigne, souvent dans la forêt. C'est donc un lieu de culte par excellence dont le rite s'exerce par la citation d'une oraison (*lusanzu*).

Cette pratique n'est pas seulement africaine. Elle a existé également jadis dans l'ancienne Mésopotamie où la société faisait appel au surnaturel soit pour mettre les morts et les vivants en osmose, soit pour décider de la culpabilité ou de l'innocence d'un membre de la société. Elle est un trait commun à des nombreuses religions et aires de civilisation. Cependant, pour réguler la vie entre les membres de la communauté on recourait à l'ordalie[249].

2. L'ordalie

L'ordalie proprement dite (du vieil anglais *ordal*, en allemand *Urteil*, « jugement ») n'est pas une simple preuve physique, dont l'issue victorieuse permet d'innocenter un inculpé. Plus profondément, elle apporte la preuve – irréfutable et irrationnelle – que tel délit ou tel crime a, ou n'a pas, été commis par quelqu'un.

De nos jours, nombreuses sont des opportunités qui rassemblent les pays membres de la communauté internationale pour discuter des problèmes mondiaux, dont en tête, ceux liés à la menace du réchauffement climatique. La 21e conférence sur le climat (COP 21) tenue en France entre novembre et décembre 2015, est un bon exemple, certes,

[248] L'expression « *Cinkunku, muci wa nsanga bilembi* » se traduit par « l'arbre qui réunit les chasseurs ». À ne pas confondre avec l'arbre à palabre, au contraire *cinkunku* est lieu de recueillement.
[249] Selon le dictionnaire « Le Robert 2016, ordalie signifie jugement de Dieu sous forme d'épreuves (par le feu, comme au Moyen Âge). En Afrique, l'ordalie n'est rien d'autre que le poison d'épreuve.

mais les États membres n'ont pas pensé à stigmatiser ouvertement les grands fossoyeurs de la planète. Ils n'ont pas fait usage de l'ordalie pour arracher les francs engagements des uns et des autres sur la façon dont la Terre devra être gérée.

Il y a eu le sommet de la Terre à Rio en 1992 qui a abouti à la première COP, un autre tenu à Berlin en 1995 ; deux ans après, le protocole de Kyoto (1997) imposait de faibles engagements chiffrés de réduction d'émissions aux seuls pays développés. À son tour, la conférence de Copenhague en 2009 échoua à conclure un accord universel. À vrai dire, tous ces échecs sont occasionnés par l'inexistence de mécanismes de type ordalique susceptible de pouvoir contraindre l'unanimité des États à la meilleure gestion de l'environnement.

L'accord obtenu à l'issue du COP 21 n'est pas garanti tant qu'il n'est pas juridiquement contraignant. Politiquement oui, certes, au cas où sa ratification réunit l'unanimité des hommes d'État et non des parlements. Néanmoins, y a-t-il vraiment sincérité pour limiter la température en dessous de 2 °C ? Le défi sera difficile à relever, si bien qu'un état des lieux partiel est programmé en 2018, l'année où le GIEC (Groupe d'experts intergouvernemental sur l'évolution du climat) présentera un nouveau rapport sur les conséquences d'un réchauffement supérieur à 1,5 °C par rapport au niveau préindustriel. Or, sur la base des comportements actuels, l'augmentation de la température planétaire pourrait dépasser les 3 °C. Ainsi, 2015 et 2016 se sont achevées avec d'inquiétants records, ceux des années les plus chaudes depuis le début des enregistrements météorologiques en 1880 : records historiques quoique la canicule du mois d'août 2003 en Europe ne soit pas encore égalée.

Dans le même ordre d'idées, l'épreuve de l'ordalie devrait s'imposer aux pays engagés dans les recherches nucléaires pour rassurer au monde de l'usage civil et non militaire de cette technologie. Elle devait également dissuader les grands laboratoires du monde spécialisés dans les manipulations génétiques biaisant les règles de la bioéthique. Ainsi, le bouc-émissaire serait épargné et ne pourrait pas endosser la responsabilité des forfaits qui lui seraient reprochés. C'est dans ce sens qu'à défaut de l'ordalie, les activités menées par les institutions telles *disaster studies* aux États-Unis, le Comité français de bioéthique ou le *World Wild life Fund* (WWF en sigle), seraient à encourager pour la stabilité de l'humanité et de la planète.

Finalement, on peut s'interroger sur le sens profond de l'ordalie. En Afrique ancienne ou en Mésopotamie, pour toutes les affaires trop obscures, les anciens habitants de ces régions (aujourd'hui on peut parler de grandes puissances) renvoyaient toujours au pouvoir supérieur des dieux (entendez les organisations mondiales). L'appel au tribunal divin, en l'occurrence au dieu-Fleuve (en Mésopotamie) ou à l'arbre *cinkunku* (en Afrique), viendrait pallier l'incapacité des juges d'ici-bas à décider du bon droit, de l'innocence ou de la culpabilité. L'ordalie (*cipàpà*, en langue luba) est donc un instrument exceptionnel de procédure au service de la justice communautaire.

3. Le serment

En Afrique, l'ordalie n'est pas suffisante pour garantir la franchise de l'action. Elle s'accompagne d'un serment. Ce procédé aurait bel et bien fait défaut à la signature du COP 21 même si les 195 États réunis à New York le 22 avril 2016 (donc quelques mois après Paris) avaient paraphé à tour de rôle cet Accord universel sur le climat adopté par consensus. Par le serment ceux-ci entendraient démontrer leur volonté de soutenir l'effort mondial nécessaire pour maintenir le niveau de la hausse de température globale en dessous de 1,5 ° C.

À savoir, certaines études ont montré qu'une vision purement juridique de l'ordalie serait insuffisante. Pour être complète, elle s'accompagnerait d'un mysticisme que l'on introduirait si tous les représentants des États parties prenantes acceptaient de jurer sur l'honneur par mécanisme de prestation de serment. Cette pratique est d'ailleurs bien connue dans tous les États modernes qui l'utilisent souvent dans la corporation médicinale (serment d'Hippocrate[250]). À cette conception, je confère une explication « exorcistique » de l'ordalie accompagnée d'une oraison et d'un serment. Il suffit pour cela de mettre en œuvre les paroles et les gestes adéquats.

Aussi faut-il se garder de réduire à un même schéma la procédure de l'ordalie et toutes les formes qu'elle présente dans d'autres civilisations. Si j'ai explicité le cas africain, pour la Mésopotamie tout n'est pas démontré. Il reste certainement encore d'autres éléments qui permettraient d'expliquer tant peu soit-il pourquoi et comment les Perses avaient recours au dieu-Fleuve. Un récit de l'époque néo-assyrienne (VIIe siècle av. J.C.) raconte, par exemple, que deux personnes, accusées d'avoir enfreint un tabou, ont refusé de se soumettre à l'ordalie. On leur reprochait d'avoir donné à leur fils le nom du souverain régnant ou d'un prince royal[251]. Une telle accusation ainsi que la décision de recourir à la rivière divine ne laissent pas de poser bien de questions. De tels récits sont courants en Afrique où chez les Baluba du Kasaï, par exemple, une femme qui trompe son mari avec un amant, est condamnée à la procédure de l'ordalie pour lui arracher des aveux… , un idéal pour les pays les plus pollueurs de la planète. Modèle servant de référence en matière de perfection totale, le serment pouvait donc renchérir le pacte reconnu dans l'accord ou le traité signé entre les États.

---

[250] Le serment d'Hippocrate, littéralement en ciluba : *cieleka cia ipokraate.*

[251] Jean BOTTÉRO, *Mésopotamie, l'écriture, la raison et les dieux*, Paris, Gallimard, 1987, pp. 111-112.

Un pacte est la matérialisation du serment passé entre deux ou plusieurs individus et sociétés soit pour tisser une alliance, soit pour liquider un différend. Il ne ressemble pas au contrat de confiance reconnu aux sociétés modernes. En Afrique, c'est le moyen le plus utilisé dans la résolution des conflits. Deux familles qui manifestent leur attachement concluent un pacte d'amitié. Deux clans en guerres, pour sceller une réconciliation, concluent également le pacte (*Ndondo* en ciluba) garantissant la constance de leur fidélité. Si un pacte entre les individus s'exécute par l'échange de sang[252], donc en forme simplifiée, le pacte entre les sociétés passe par le rituel oraison-ordalie-serment. C'est l'aboutissement d'une longue négociation dans la résolution d'une question réputée cruciale.

Chez les peuples luba, au Congo, un pacte intervenant dans la résolution d'un conflit interethnique exige aux parties d'enterrer un chien vivant en prononçant un serment de non retour au différend. Ceci pourrait être aussi un symbole éloquent dans les relations internationales.

---

[252] En Afrique, si deux individus concluent un pacte de sang, ils jurent de ne jamais se trahir. Dans le cas contraire, tout auteur de parjure passe de vie à trépas.

Chapitre 3.

LES PARAMÈTRES DE L'ÉTHIQUE AFRICAINE EN ÉCOLOGIE DE SURVIE

Selon Hans Jonas, la théorie éthique moderne ou l'éthique philosophique n'a pas de réponse au dilemme suscité par l'Homme Technicien, celui d'oser tourner son destin contre l'humanité[253]. Il s'est permis de désacraliser la nature de l'homme naturel dont il est lui-même l'émanation ontologique. Ce philosophe allemand montre qu'il est pour lui incroyable qu'aucune école contemporaine en théorie éthique ne soit confrontée au terrifiant problème posé par la combinaison de cette anarchie des choix humains avec le pouvoir apocalyptique de l'homme contemporain.

On sait que la culture africaine n'est pas très différente de la culture juive. Africains comme Juifs croient en l'immanence de l'esprit, à l'immortalité de l'âme, à l'existence de Dieu et à la réincarnation. C'est pour cette raison que cette culture judéo-africaine ne se garde pas de contester quelques-unes des chères pratiques et idéologies propres à la civilisation technicienne. À l'instar de la philosophie jonasienne, je vais me risquer aussi à faire quelques commentaires africanistes sur la situation de l'éthique en évoquant l'écologie du terroir.

I. L'ÉCO-POUVOIR

En Afrique, l'éco-pouvoir représente ce que la mythologie occidentale désigne « Gaïa », Mère-Nature. Au fait, Nature suppose l'existence d'une valeur suprême qui régule et organise l'humanité. Ce pouvoir transcendant est exercé par les esprits en emphase avec la matière. L'être humain est le représentant de ce pouvoir qui relie les vivants

---

[253] Hans JONAS, *op.cit.*, p. 232.

et les morts. Dans cet univers, la technique sert l'homme, mais pas le contraire. La société africaine croit à l'immanence de l'esprit et ne reconnaît pas la mort de la transcendance comme dans la civilisation technicienne. C'est cette considération qui confère à l'être humain sa vraie valeur.

Toutes les civilisations africaines, notamment celle d'Afrique noire, corroborent les propositions bibliques selon lesquelles « Au commencement était la Parole et celle-ci était Dieu », Créateur du ciel et de la terre. La Parole se trouve dans l'homme signifie que l'être humain reste l'habitacle de Dieu. Transgresser le caractère sacré de l'homme indique le niveau élevé de peccabilité qui règne dans une société, à l'instar du système technicien qui le rend une simple fabrique au laboratoire. De toutes les manières, on ne peut pas tolérer qu'un jour, on découvre au monde l'homme « made in French, made in England, ou made in USA », etc., si ce n'est qu'une abomination épouvantable. Ces propositions ne remettent pas en cause le caractère salvateur de la technoscience, mais subordonnent celle-ci et annihile la considération de l'homme créé à l'image de Dieu.

La pratique d'eugénisme, la procréation médicalement assistée, les différentes manipulations génétiques et toutes les autres merveilles connues dans les biotechnologies de la dernière génération – tel que signalé plus haut - montrent à quel point l'humanité connaît un dérapage qui la conduira un jour à sa fatale disparition. Permettre une telle folie, c'est accepter que le monde se transforme en un univers des véritables monstres, des êtres hybrides homme/machine/animal, qui n'auront rien à voir avec l'actuelle humanité. Et le philosophe Miguel Benasayag[254] de s'alarmer : « Nous serons hybridés par nos machines, et cela aura des conséquences sur notre cerveau ».

---

[254] Miguel BEANSAYAG, *Cerveau augmenté, homme diminué*, Paris, Éditions La découverte, 2016, p. 146.

Certes, je crois en la science ; je crois également en l'existence des lois scientifiques qui, au départ, étaient métaphysiques, mais aucune découverte des lois et des structures ou fonctions de la matière ne doit absolument pas affecter le pouvoir spirituel et le caractère sacré dont se dote la Nature. Un tel défi ne peut être relevé que par la force du serment que les techniciens prononceraient à bon escient, donc le serment de Prométhée et non celui de Faust. Prométhée avait juré de donner du feu aux humains pour faire face aux caprices naturels ; il ne les avait pas autorisés à travestir la Nature ni de modifier le vivant.

Il est cependant vrai que le climat psychologique créé par la technoscience est particulièrement défavorable à la visibilité de cette dimension transcendante que la culture africaine originelle accorde à la nature des choses, mais quelques valeurs devaient être préservées au-delà des intérêts particuliers faisant le tentacule des avancées technologiques. Voilà une meilleure façon de répondre à la quête morale de l'homme, c'est-à-dire, savoir plaider en faveur de la préservation d'un sens du mystère.

II. L'ECO-TECHNIQUE

Dans les précédentes pages, j'ai souligné que la technique, c'est l'homme ajouté à la Nature. Ces deux éléments sont inhérents qu'il ne convient pas de les séparer. Cette technique doit servir l'homme et non le contraire. L'être humain ne peut que disposer de son intelligence pour faire avancer la technique. L'expérimentation en est la clé de voûte dans toute recherche scientifique. Mais lorsqu'il faut y recourir surtout en médecine, il est nécessaire de mesurer les dangers. La nécessité de réussir la recherche peut inévitablement concourir au détriment de la dignité humaine quand il s'agit absolument d'utiliser les cobayes humains. Cette pratique constitue une violation flagrante des droits de l'homme. On sait combien l'exercice d'expérimentation sur le vaccin a condamné les sociétés entières à des affections dont l'origine est jusqu'ici mal élucidée. Il semblerait que le virus du sida, avant de devenir une pandémie, a connu son existence en Afrique dans les années 30, certainement à cause des expérimentations faites par la médecine coloniale de manière concomitante sur les singes et sur les hommes. Aujourd'hui on cherche le diable ailleurs. Le bouc émissaire, c'est ce pauvre malade du sida, frappé d'infamie parce qu'on condamne à travers lui, une sexualité sans frein...

Alors, à qui la faute ? « Au temps de la Grande peste, analyse Philippe Roqueplo, il était concevable que l'on s'indignât contre son roi ou contre Dieu. Aujourd'hui, on va chercher un responsable[255] ». Ce bouc émissaire – un paysan occidental qui, abusant d'engrais, aura infecté la nappe phréatique, un entrepreneur de transports qui aura maquillé le déplacement des barils de dioxine, une société qui aura déversé des déchets chimiques dans une rivière – sera jugé pour avoir réveillé le spectre d'une mort annoncée.

L'éco-technique exige donc une démarche citoyenne qui consiste à laisser la Nature reprendre ses droits dans l'environnement. Ce moyen interdit tout recours à des techniques sophistiquées faisant appel aux produits chimiques tels les nitrates de sodium, et encore moins aux manipulations génétiques tant décriées. Actuellement, dans certaines régions comme en Afrique, l'agro-écologie se porte au secours de la planète : « tout est bio, on consomme bio ou on mange bio ». Lancée par des paysans africains sous l'initiation des femmes maraîchères, l'agriculture écologiquement intensive représente une alternative de plus en plus crédible, qui, pratiquée en Occident à grande échelle, pourra apporter solution aux dégâts de l'agriculture industrielle. D'ailleurs, on remarque que des cultures maraîchères présentent des rendements doublés par la plantation

[255] Ph. ROQUEPLO, *Penser la technique : pour une démocratie concrète,* Paris, Éd. du Seuil, 1983, p. 112.

d'acacias fertilisant les sols. On peut remarquer aussi qu'en Afrique, des parcelles de maïs dopées par la polyculture associée de courges et de haricots, deviennent plus productives que les cultures pratiquées en Occident dopées aux intrants chimiques.

À l'exemple de l'Afrique, l'agro-écologie devra donc être promue à l'échelle mondiale comme le meilleur recours contre une agriculture intensive qui pollue et épuise les sols[256].

III. L'ÉCO-RESPONSABILITÉ

L'éco-responsabilité est une donnée innée en Afrique. Cette notion s'intégrait profondément dans le vécu quotidien des Africains avant la colonisation. Elle se confondait curieusement avec le principe du patrimoine commun par lequel ils concluaient des pactes et prêtaient serment pour respecter la Nature. Ils le faisaient pour leurs bosquets, par exemple, ou leurs rivières et ruisseaux, qu'ils considéraient comme propriétés des ancêtres. Ils se considéraient héritiers et la Nature était leur patrimoine, donc quelque chose qu'ils entendaient à tout prix transmettre intact aux générations futures.

Ainsi donc, l'éco-responsabilité suppose que l'environnement devra permettre à la Nature de reprendre ses droits dans les forêts, dans les plantations, dans les jardins et voire sur les balcons. Cette notion a été largement élucidée par Hans Jonas. Selon lui, le pouvoir énorme conféré à l'homme par la technoscience doit s'accompagner d'une nouvelle forme de responsabilité devant interdire toute action mettant

---

[256] Lors de la COP 21 tenue à Paris entre novembre et décembre 2015, l'agro-écologie a fait l'objet de plans d'investissements massifs à travers le monde : le continent africain devrait ainsi se doter dès 2016 d'un fonds inter-États de valorisation des pratiques agro-écologiques, tandis que le gouvernement français annonçait la conversion de la moitié des exploitations du pays jusqu'en 2025.

en danger l'existence des générations futures. C'est à ce titre d'ailleurs que ce célèbre philosophe est toujours considéré comme précurseur sinon inspirateur du principe de précaution. Jonas s'attaque fermement aux instigateurs du principe « après nous le déluge », tels les transhumanistes et les catastrophistes.

Ces transhumanistes, frappés par la phobie de mort, cherchent à exporter leur vie sur d'autres planètes, tandis que les catastrophistes portent leur croyance dans la fin des temps. Certes, la technoscience peut certainement se donner l'objectif d'abolir la mort sinon l'éloigner à dessein, mais ce qui est vrai, ce que tout homme connaîtra sa propre destinée d'une manière ou d'une autre, par accident ou par noyade. Toutefois, « chacun est responsable de son propre destin », dit-on. C'est pourquoi parmi les plus modérés des philosophes, Luc Ferry préconise la régulation comme mot maître.

> Il va nous falloir ici, comme en matière d'écologie, d'économie ou de finance, nous efforcer de réguler, de fixer des limites, qui devront autant qu'il est possible être intelligentes et fines, éviter la logique intenable du « tout ou rien ». Mais en l'occurrence – et c'est aussi l'un des objets principaux de ce livre, l'autre étant simplement d'informer, de faire comprendre la réalité, les enjeux et les controverses que suscite le transhumanisme -, réguler sera plus difficile que dans tout autre domaine, y compris celui de la bioéthique « classique »[257].

Les Africains considèrent la mort comme une continuité de la vie. En Afrique, l'être humain vit sur terre en tant que pèlerin[258]. Il quittera ce monde un jour pour laisser place à d'autres pèlerins. Il ira habiter non sur la planète Mars ou Jupiter, mais dans l'Au-delà. La condition de mortel pour l'être humain doit donc s'imposer avec son âpreté, mais aussi avec sagesse, parce que sans celle-ci, comme disait

---

[257] Luc FERRY, *op. cit.,* p. 29.

[258] D'où l'expression luba : « *Tudi benyi ne bena luendu pa buloba* » ; littéralement : « Nous sommes touristes et pèlerins sur Terre ».

Hans Jonas[259], il n'y aurait pas cette promesse éternellement renouvelée de la fraîcheur, de l'immédiateté et de l'avidité de la jeunesse. Sans cette sagesse, ajoute l'auteur, nul parmi nous ne serait incité à compter ses jours, à les faire compter, à commémorer la date de sa naissance (fêter son anniversaire). Somme toute, chacun doit porter le fardeau de la mortalité avec patience et dignité.

Pour un Africain, le projet transhumaniste rappelle l'aboutissement d'une allégorie contée aux gamins aux heures du soir, montrant l'existence d'un « *cilume cikulu* » (l'ogre), ci-haut évoqué, ce géant homme en état d'archi-vieillesse, connaissant toute la sagesse du bien et du mal. Dans la mythologie africaine, l'immortel ogre détient le droit de vie et de mort sur les hommes. Celui-ci ressemble plus à *Homo machina* du système technicien, et il effraie les gens dans les contes populaires du Kasaï.

Il en est de même pour le projet « Mars One » conçu aujourd'hui par les Techniciens. Pour un Africain, il rappelle le conte de l'homme macrocéphale, et parfois même multicéphale venu d'un monde mystérieux. Les allégories de ces caricatures hantent souvent les enfants aux heures nocturnes.

IV. L'ÉCO-CIVISME

L'adoption des modèles non occidentaux pourra contribuer à la transformation des mœurs dont dépend aujourd'hui l'avenir de l'humanité. Cette démarche devra s'inscrire dans la perspective de la civilisation au sens où elle se reconstruit sur base de l'organisation d'une société civile qui est la raison d'être des sociétés politique, économique et scientifique, c'est-à-dire de l'entraînement ou du consentement de tous à la vie commune. Ce sont tous les rapports sociaux

[259] Hans JONAS, *Essais philosophiques. Du credo ancien à l'homme technologique*, Paris, Vrin, 2013, 179.

sans lesquels il n'est pas de société policée *(civis)*. L'effort constant de tous pour réduire la violence inhérente à chaque société est, qu'on le veuille ou non le reconnaître, la condition de la civilisation. Il s'agit en effet de la violence sous toutes ses formes qu'il convient de recourir à l'éthique civile.

1. L'éthique civile

La dissociation de la Nature et de la technique due à l'accouplement de la technique à la science est une violence. Elle a profondément modifié le contexte moral où avait évolué le système technique traditionnel. Aujourd'hui je me permets de dire que si la Nature n'est pas transfigurée, elle est défigurée quant à remarquer la menace qu'elle encourt du fait de la barbarie qui entraînera le suicide de l'espèce. Par la barbarie, au sens le plus philosophique, on voit la transformation de la Technique en destin, au sens que le destin avait pour les anciens Grecs : une fatalité inéluctable, comme la mort. Fatalité de faire tout ce qui peut être fait sans que l'on s'interroge au préalable sur les conséquences. Ainsi, pour prendre un exemple particulièrement cruel, viennent de plus en plus au monde des enfants de pères inconnus et de mères multiples… Ces revers des mœurs se présentent sous plusieurs formes. Comment pouvons-nous par exemple apprécier la naturalité d'un enfant né à partir de l'insémination artificielle, s'il n'est, dans la coutume africaine, qu'un enfant incestueux ? Le don de sperme et l'insémination elle-même se conçoivent d'abord comme pur acte d'adultère du moment que la femme se fait féconder à partir des protéines (spermatozoïdes) qui n'émanent pas du patrimoine génétique de son époux légitime[260], et à plus

---

[260] En date du 30 août 2016, le Bundestag (Parlement allemand) votait une loi obligeant les femmes à révéler les pères biologiques de leurs nouveaux nés. Cette initiative louable en matière d'aveu d'infidélité

forte raison un enfant issu d'une telle méthode procréative ignore toujours sa place sur l'arbre généalogique. On sait déjà que si on regroupait tous les gènes viables dans un génome, l'enfant qui naîtra aura toute la robustesse génétique qui lui fera ressembler à un monstre… Pour de tels enfants, où est leur droit de naître dans la dignité ? La promiscuité du transsexualisme aussi retient l'attention dans la mesure où la société assiste à un recul de la fiction juridique de l'indisponibilité de l'état des personnes au profit d'une maîtrise du sujet sur son propre sexe. Il en est de même pour l'être humain bourré de nanopuces dans le corps et d'autres implants neuronaux. Il en est de même également pour l'homme qui acceptera d'enfiler au quotidien une tenue vestimentaire de cosmonaute chargée d'une corvée de deux bouteilles d'oxygène sur le dos… Ces démarches vont à leur tour à l'encontre du droit de vivre dans la dignité.

2. L'ascèse

Le moment est propice pour qu'un engagement proprement écologique soit déterminant afin d'étoffer les mœurs. La *praxis* de l'éthique la plus élevée, celle de l'esprit uni au cœur pour reprendre le langage de la haute ascèse « confucéenne », doit faire face au défi de la technoscience. Il s'agit d'une philosophie de la renonciation. L'ascèse, c'est la mortification humaine pour la cause du naturel. Dans ce sens, la renonciation laisse entendre l'oubli de soi et non l'abandon de soi. S'oublier, c'est privilégier l'existence des autres, sachant qu'avant soi le monde a existé, et qu'il continuera d'exister s'il est bien géré. En d'autres termes,

---

est pratiquée chez les Baluba, au Congo, depuis des temps immémoriaux. Chez les Baluba, l'aveu d'infidélité (*cibindi*) est sanctionné par une procédure coutumière clôturée par une amende (*cibawu*).

s'imposer un renoncement à la technoscience ne suppose pas son abandon, c'est renoncer à l'acquis technicien pour préserver des valeurs ontologiques. L'ascèse est indispensable pour assurer cette limitation des besoins qui permettra de respecter davantage la Nature, son ordre, la vie qui lui est propre, et d'opérer un indispensable partage à l'échelle de la planète. Ce partage s'inaugure déjà par la formation et l'engagement des organisations internationales et de petits groupes locaux qui refusent certaines obsessions de la technoscience. Dans les villages européens, on assiste de temps en temps au mouvement de répugnance devant certains projets de constructions des barrages ou pylônes jugés dénaturer les paysages.

L'ascèse est aussi nécessaire pour que les nantis portent à cœur les démunis. Des organismes non gouvernementaux du Nord ou encore des groupes restreints qui s'imposent simplicité et sobriété, se mettent en rapport avec un tel village ou tel secteur précis dans les pays du Sud en vue de favoriser une stabilité matérielle responsable et originale, nullement calquée sur le modèle occidental, pour donner et aussi pour recevoir – par exemple en sagesse, en habileté et en beauté. On me reprochera d'avoir caricaturé l'Occident par rapport à l'Afrique, mais je précise qu'il ne s'agit, ni de milieux africains d'aujourd'hui corrompus par un modernisme mal assimilé, ni l'Afrique gangrenée par les groupes politiques mafieux et les pillages économiques à répétition, par contre j'ai évoqué l'Afrique qui représente la société d'avant la colonisation. Car à cette époque-là, les Africains n'étaient ni riches ni pauvres ; ils se suffisaient à leurs besoins et s'adaptaient au rythme de l'environnement. C'est la traite négrière qui a cloué l'Afrique au pilori.

L'ascèse est nécessaire, enfin, pour fonder cette profonde sympathie avec la Nature que tant d'hommes commencent à ressentir aujourd'hui, eux qui n'ont d'autre chemin vers le mystère que la beauté du monde. Sympathie qui seule pourra faire obstacle à la barbarie, au massacre du monde vivant (animal et végétal). Au moment où les bêtes élevées pour leur viande ou leur lait sont transformées en monstres par les manipulations génétiques et les hormones de croissance, il faudrait faire apprendre par cœur aux écoliers l'hymne à la vache de Gandhi, la vache, « ce poème d'humilité », écrivait-il, qui symbolise toute la fécondité maternelle du monde ''subhumain'', la paix et la douceur des bêtes qui ne mangent pas d'autres bêtes. À l'ascèse doit donc s'adjoindre ce que j'appelle l'exorcisme créateur.

3. L'exorcisme créateur

Exorciser le totalitarisme inavoué, mais envahissant d'une technoscience sans finalité, ce n'est nullement tenter de disqualifier ou de limiter la recherche scientifique. C'est au contraire, lutter au sein de cette recherche pour la rendre plus ouverte, plus humaine et plus attentive. C'est lutter, au nom même de la vérité des êtres et des choses, contre la tentation prométhéenne de constituer le monde en totalité close dont la technoscience serait une divinité et l'homme son esclave. Ce qui doit aimanter la science, c'est à la fois la volonté de réduire rationnellement l'inconnu et le respect du mystère des choses, simultanément contemplées à la verticale, c'est-à-dire portées par la grande Raison naturelle[261] que les uns appellent *Logos cosmogonique*[262], les autres Verbe ou Intelligence divine.

Si la pratique abusive de la technoscience n'a pas produit une nette déformation de la conscience, il n'y aura peut-être pas d'impossibilité absolue du retour à la sensibilité ou à

261 Cette Raison naturelle est une idée qui remonte au XVIIIe siècle. Elle est l'inspiration de Jean-Jacques Rousseau, mais Robespierre l'adopte et initie le principe de séparation de la société civile et de la société religieuse (la laïcité).

262 Hans JONAS, *Évolution et liberté*, Paris, Éditions Payot et Rivages, 2005, p. 197.

l'état de nature proprement dit. La difficulté ne pourra s'adoucir que si, dans l'avenir, cet état de choses étant reconnu et la conscience étant cultivée avec soin dans la société, le civisme de l'écologie s'exerce dès les premières études scientifiques de l'enfance. C'est une affaire d'éducation, de peur qu'à la maturité, l'homme universel - moderne ou postmoderne - ne parvienne plus à prendre ses distances de la griserie acquise au contact de la techno-science, à guérir de sa perte de jugement.

BIBLIOGRAPHIE ET SOURCES

Ouvrages

ALBESSARD, N., *D'où vient l'humanité*, Paris, Encyclopédie planète, 1969.

ALLAND, A., *La dimension humaine*, Paris, Seuil, 1974.

AMIN, Samir, *L'accumulation à l'échelle mondiale, 2 tomes*, Éditions Anthropos, 1970.

ATTALI, Jacques, *L'économie de l'apocalypse. Trafic et prolifération nucléaire*, Paris, Fayard, 1995.

BA, Amadou Hampâte, *Aspects de la civilisation africaine*, Paris, Présence africaine, 1972.

BACHELARD, Le nouvel esprit scientifique, Paris, PUF, 1980.

BACON, Francis, La Nouvelle Atlantide, Paris, Payot, 1983.

BADIOU, Alain, *L'éthique. Essai sur la conscience du mal*, Paris, Hatier, 1993.

BARDE, Jean-Ph., *Économie et politique de l'environnement*, Paris, PUF, 1992.

BATLLE, Annie, *les travailleurs du futur*, Paris, Seghers, 1986.

BAZIN, Damien, *Sauvegarder la nature, Une introduction au Principe Responsabilité de Hans Jonas*, Paris, Ellipses, 2007.

BEAUNE, J. C., *La technologie*, Paris, PUF, 1972.

BECHMANN, Pierre et MANSUY, Véronique, *Le principe de précaution. Environnement, Santé et sécurité alimentaire*, Paris, Éditions du Juris-classeur, 2002.

BELTRAN, A., et GRISET, P., *Histoire des techniques aux XIXe et XXe siècles*, Paris, Vrin, 1980.

BENASAYAG, Miguel, *Cerveau augmenté, homme diminué*, Paris, Éditions La découverte, 2016.

BERNARD, Jean, *Grandeur et Tentations de la médecine*, Paris, Buchet/Chastel, 1973.

BESNIER, Jean-Michel, *L'humanisme déchiré*, Parsi, Bernard Grasset, 1992.

BIDET, J., et TEXIER, J., *Le nouveau système du monde*, Paris, PUF, 1994.

BILLY, J., *Les techniciens et le pouvoir*, Paris, PUF, 1960.

BLANC, Jacques, *Construire un monde solidaire*, Paris, Les bergers et les mages, 1992.

BLANC, Marcel, *L'ère de la génétique*, Paris, La Découverte, 1986.

BORN, Max, *La responsabilité du savant dans le monde moderne*, Paris, Payot, 1967.

BORRILLO, D., *Sciences et démocratie*, Strasbourg, Presses Universitaires de Strasbourg, 1993.

BOTTÉRO, Jean, *Mésopotamie, l'écriture, la raison et les dieux*, Paris, Gallimard, 1987.

BOURG, Dominique, *Les sentiments de la nature*, Paris, Découverte, 1993.

BRETON, Philippe, *De l'image de l'homme. Du Golem aux créatures virtuelles*, Paris, Seuil, 1995.

BRIL, Jacques, *Un crépuscule incertain. Réflexion prospective sur la culture occidentale*, Paris, Payot et Rivages, 1993.

BRUN, Jean, *Les conquêtes de l'homme et la séparation ontologique*, Paris, PUF, 1961.

BRUN, Jean, *Le rêve et la machine. Technique et Existence*, Paris, Éditions de la Table Ronde, 1992.

BRUNIER, M. et LACROIX, G., *Les technopoles*, Paris, PUF (Que sais-je ?), 1996.

CAMPBELL, Joseph, La Chine. Une histoire de l'art, Paris, Nouveaux Horizons, 1972.

CANDOLE, A. de, *Histoire des sciences et des savants depuis deux siècles*, Paris, Fayard, 1987.

CANTO-SPERBER, Monique, Dictionnaire d'éthique et de philosophie morale, Paris, PUF, 1996.

CÉSAIRE, Aimé, *Discours sur le colonialisme*, Paris, Présence Africaine, 1955.

CEUZIN, Paul, *Sciences et techniques*, Paris, Hachette, 1973.

CHALMEL, Patrick, *L'entreprise de demain et le travail de l'homme : technologies, valeurs et modes de vie*, Paris, Marne, 1992.

CHANGEUX, Jean-Pierre, *Fondements naturels de l'éthique*, Paris, Odile Jacob, 1993.

CHARBONNEAU, B., *Le système et le chaos*, Paris, éd. anthropos, 1973.

CHIROLLET, J-C., *Esthétique et technoscience*, Liège, Mardaga, 1994.

CLARKE, A. C., *Profils du Futur*, Paris, Planète, 1964.

COLIN, P. et al., *Le modernisme*, Paris, Éditions Beauchesne, 1980.

COHN-BENDIT, Daniel et GAUDOT, Édouard, *Pour la planète*, Paris, Dalloz, 2009.

CONWAY, Erik M. et ORESKES, Naomi, *L'effondrement de la civilisation occidentale*, Lonrai, Les liens qui libèrent, 2015.

DECOUFLÉ, André-Clément, *La prospective*, Paris, PUF, Que sais-je ?, 1972.

DERIAN, J. C. et STAROPOLI, A., *La technologie incontrôlée ? Une présentation du « Technology Assessment »*, Paris, PUF, 1975.

DOMENACH, Jean-Marie, La *responsabilité. Essai sur le fondement du civisme*, Paris Hatier, 1994.

DOMENACH, Jean-Marie, *Approches du modernisme*, Paris, Éditions Marketing, 1995.

DORST, J., *La nature dé-naturée*, Paris, Seuil, 1970.

Dossiers secrets de l'histoire, n° 25, Paris, éditions Didro, Février-Mars 2000.

DOTTORI, J. F., *Biosphère pour demain. La société du troisième millénaire*, Clamecy, Nouvelle Imprimerie Laballery, 1996.

DROUIN, Pierre, *L'autre futur*, Paris, Fayard, 1989.

DUCHET, René, *Bilan de la civilisation technicienne*, Paris, Éd. Privat, 1955.

DUBY, Georges., *L'An Mil*, Paris, Gallimard-Julliard, 1980.

EDELMAN, Bernard et HERMITTE, Marie-Angèle, *L'homme, la nature et le droit*, Paris, Christian Bourgeaois Èditeur, 1988.

ELLUL, Jacques, *La technique ou l'enjeu du siècle*, Paris, A. Colin, 1954.

ELLUL, Jacques, *Fausse présence au monde moderne*, Paris, Éditions de l'ERF, 1964.

ELLUL, Jacques, *L'Apocalypse : architecture en mouvement*, Paris, Desclée de Brouwer, 1976.

ELLUL, Jacques, *Le système technicien*, Paris, Calmann-Lévy, 1977.

ELLUL, Jacques, *L'Espérance oubliée*, Paris, Gallimard, 1977.

ELLUL, Jacques, *À temps et à contretemps*, Paris, Le centurion, 1981.

ELLUL, Jacques, *Changer de révolution. L'inéluctable prolétariat*, Seuil, 1982.

ELLUL, Jacques, *Ce que je crois*, Paris, Grasset, 1987.

ELLUL, Jacques, *Le bluf technologique*, Paris, Hachette, 1988.

ENCYCLOPÉDIE LITTRÉ, 1966.

ENCYCLOPAEDIA UNIVERSALIS, 1971.

ENCYCLOPÉDIE ILLUSTRÉE DE LA MYTHOLOGIE, Paris, Payot, 1982.

FEIGENBAUM, E. et McCORDUCK, *La cinquième génération. Le pari de l'intelligence artificielle à l'aube du XXI*e *siècle*, Paris, interÉditions, 1984.

FERRY, Luc, *Le nouvel ordre écologique*, Paris, Bernard Grasset, 1992.

FERRY, Luc, *L'Homme-Dieu ou le sens de la vie*, Paris, Grasset, 1993.

FERRY, Luc, *La révolution transhumaniste. Comment la technomédecine et l'uberisation du monde vont bouleverser nos vies*, Paris, Plon, 1916.

FISCHER, Gustave-Nicolas, Les concepts fondamentaux de la psychologie sociale, Paris, Dunod, 1996.

FLICHY, Patrice, *L'innovation technique*, Paris, La Découverte, 1995.

FOCILLON, H., *L'An Mil*, Paris, Éd. Denoël, 1984.

FOESSEL, Michaël, *La privation intime*, Paris, Seuil, 2008.

FOESSEL, Michaël, *Après la fin du Monde. Critique de la raison apocalyptique*, Paris, Seuil, 2013.

FOESSEL, Michaël, *Le temps de la consolation*, Paris, Seuil, 2015.

FUCHS, Olivier, *Pour une définition communautaire de la responsabilité environnementale. Comment appliquer le principe pollueur-payeur*, Paris, L'Harmattan, 2003.

FUKUYAMA, Francis, *La Fin de l'homme*, Paris, Gallimard, 2004.

GANDHI (La mahatma), *Tous les hommes sont frères*, Paris, Gallimard, Unesco, 1969.

GAUCHET, M., *Le désenchantement du monde*, Paris, Gallimard, 1985.
GERAUD, Roger, *Avortement et eugénique*, Paris, André Gérard, 1974.
GILLE, Bernard, *Histoire des techniques*, Paris, Calmann-Lévy, 1970.
GORZ, André, *Les chemins du paradis*, Paris, Galilée, 1983.
GRANGER, G. G., *La science et les sciences*, Paris, PUF, 1993.
GRAS, A., Grandeur et dépendance. *Sociologie des macrosystèmes techniques*, Paris, PUF, 1993.
GROS, F., JACOB, ROYER, P., *Sciences de la vie et société*, Paris, La documentation française, 1979.
GUÉRIN-HENNI, Anne, *Les pollueurs. Luttes sociales et pollution industrielle*, Paris, Seuil, 1980.
GUILLAUME, Silvie, *Le consensus à la française*, Paris, Édition Belin, 2002.
HABERMAS, Jüngen, *La technique et la science comme idéologie*, Paris, Gallimard, 1978.
HABERMAS, Jüngen, *Le discours philosophique de la modernité, Douze conférences*, Paris, Gallimard, 1988.
HAUDRICOURT, Anne-Georges, *La technologie, science humaine. Recherches d'histoire et d'ethnologie des techniques*, Paris, Éditions de la Maison des sciences de l'homme, 1987.
HEGEL, *Phénoménologie de l'Esprit*, Tome 2, Paris, Aubier, 1966.
HEISENBERG, W., La Nature dans la physique contemporaine, Paris, Gallimard (idées), 1962.
HEITMAN, François, La maîtrise du futur, Paris, Seuil, 1971.
HÖFFE, Otfried, *Petit dictionnaire d'éthique*, Fribourg, Éditions universitaires, Paris, 'Editions du CERF, 1993
HOTTOIS, Gilbert, *Le signe et la technique. La philosophie à l'épreuve de la technique*, Paris, Aubier, 1984.
HOTTOIS, Gilbert, *Pour une éthique dans un univers technicien*, Éditions de l'Université de Bruxelles, 1984.
HOTTOIS, Gilbert, *Évaluer la technique : aspects éthiques de la philosophie de la technique*, Paris, Vrin, 1988.
HOTTOIS, Gilbert, *Le paradigme bioéthique : une éthique pour la technoscience*, Bruxelles, De Boeck Université, 1990.

HOTTOIS, Gilbert, *Entre symbole et technoscience. Un itinéraire philosophique*, Paris, PUF, Champ Vallon, 1995.

HUTIN, Serge, *Hommes et civilisations fantastiques*, Paris, Éditions J'ai lu, 1970.

ILLICH, Ivan, *Némésis médicale. L'expropriation de la santé*, Paris, Seuil, 1975.

JACOMY, Bruno, *Une histoire de technique*, Paris, Seuil, 1990.

JONAS, Hans, *Le principe Responsabilité. Une éthique pour la civilisation technologique*, Paris, Éditions du Cerf, 1990.

JONAS, Hans, *Évolution et liberté*, Paris, Éditions Payot et Rivages, 2005.

JONAS, Hans, *Essais philosophiques. Du credo ancien à l'homme technologique*, Paris, Vrin, 2013.

KAHN, Axel, *Les plantes transgéniques en agriculture*, Montrouge, John Libbey Eurotext, 1996.

KANT, E., *Fondement de la métaphysique des mœurs*, Paris, Librairie Delagrave, 1960.

KAY, Ann, *Mythes et légendes du monde archaïque*, Paris, PUF, 1987.

KOYRÉ, A., *Les philosophes et la machine*, Paris, A. Colin, 1961.

LA BIBLE DE JÉRUSALEM (sous la direction de l'Ecole biblique de Jérusalem), nouvelle édition Desclée de Brouwer, Paris, 2000.

LADRIÈRE, Jean, *Les enjeux de la rationalité : le défi de la science et de la technologie aux cultures*, Paris, Aubier-Montaigne/Unesco, 1977.

LAGADEC, Patrick, *La civilisation du risque. Catastrophes technologiques et responsabilité sociale*, Paris, Seuil, 1981.

LATOUCHE, Serge, *L'occidentalisation du monde. Essai sur la signification, la portée et les limites de l'uniformisation planétaire*, Paris, La Découverte, 1989.

LATOUR, Bruno, *La vie de laboratoire*, Paris, La Découverte, 1988.

LATOUR, Bruno, *La science en action*, Paris, La Découverte, 1989.

LATOUR, Bruno, *Aramis ou l'amour des techniques*, Paris, La Découverte, 1993.

LECOURT, Dominique, *L'Âge de la peur : science, éthique et société*, Paris, Bayard, 2015.

LECOURT, Dominique, *La philosophie des sciences*, Paris, PUF, « Que sais-je ? », 2015.

LECOURT, Dominique, *L'Égoïsme. Faut-il vraiment penser aux autres*, Paris, Autrement, 2015.

LEFEBVRE, Henri, *Le manifeste différentialiste*, Paris, Gallimard, 1970.

LÉVY, Pierre, *Les technologies de l'intelligence*, Paris, Seuil, 1993.

MAESTRE, Claude-Jérôme, *La science contre ses maîtres*, Paris, Grasset, 1973.

MALINOWSKI, B., *Trois essais de la vie sociale des primitifs*, Paris, Payot, 1975.

MANNONI, O., *La machine*, Paris, Tchou, 1977.

MALJEAN-DUBOIS, Sandrine, et WEMAËRE, Matthieu, *COP 21 ? La diplomatie climatique de Rio (1992) à Paris (2015)*, Paris, Éditions A. Pédone, 2015.

MALM, Andreas, *Fossil Capital. The Rise of Steam Power and the Roots of Global Warming*, Londres, Verso, 2015.

MARCUSE, Herbert, *Éros et civilisation. Contribution à Freud*, Paris, Éditions de Minuit, 1963.

MARCUSE, Herbert, *L'homme unidimensionnel*, Paris, Les éditions de minuit, 1965.

MASSON, Philippe, *Titanic, le dossier du naufrage*, Paris, Tallandier 1992.

MAUROIS, André, *Olympio ou la vie de Victor Hugo*, Paris, Hachette, 1954, p. 164.

MBITI, John, *Religions et philosophie africaines*, Yaoundé, Éditions CLE, 1972.

M'BOW, Amadou-Mahtar, *De la concertation au consensus. L'Unesco et la solidarité des nations*, Paris, Unesco, 1979.

MBUNGU MUTU, Joseph, *Éthique écologique et Principe de la responsabilité. La théorie éthique de Hans Jonas face au progrès technoscientifique et à la crise écologique*, Frankfurt, Peter Lang, 2010.

MONGIBEAUX, Jean-François, *L'apocalypse n'aura pas lieu*, Paris, Olivier Orban, 1982.

MOSCOVICI, Serge, *La société contre nature*, Paris, Union générale d'éditions, 1969.

MOUFFE, Chantal, *L'illusion du consensus*, Paris, Albin Michel, 2016. MÜLLER, Denis et SIMON, René, *Nature et descendance. Hans Jonas et le principe « Responsabilité »*, Genève, Labor et Fides, 1993.

MUMFORD, Lewis, *Technique et civilisation*, Paris, Seuil, 1950.

MUMFORD, Lewis, *Le mythe de la technique, La technologie et le développement humain, Tome 1*, Paris, Fayard, 1967.

MURAISE, Éric, Testament pour un monde futur, Paris, Julliard, 1971.

MWAMBA MPUTU, B., *L'Afrique face au défi de la technoscience,* Paris, L'Harmattan, 2013.

MWAMBA MPUTU, B., *Histoire des relations et institutions internationales. Notes de cours*, Kinshasa, Éditions Odyssée, 2013.

NICOLAS, Guy, *La responsabilité médicale*, Paris, Flammarion, 1996.

NIETZCHE, F., *Contribution à la généalogie de la morale*, Paris, Union générale d'éditions, 1974.

NYE, David, *Consuming Power. A Social History of Amercan Energies*, Cambridge, MIT Press, 1997.

OBENGA, Théophile, *Les Bantu. Langues, peuples, civilisations*, Paris, Présence africaine, 1980.

OMNÈS, Roland, *Philosophie de la science contemporaine*, Paris, Gallimard, 1994.

OPPENHEIMER, J. R., *La science et le bon sens*, Paris, Gallimard, 1955.

PACKARD, V., *L'homme remodelé*, Paris, Calmann-Lévy, 1978.

PAPON, P., *Les logiques du futur : science, technologie et pouvoirs*, Paris, Aubier, 1989.

PASSET, René, *L'Économique et le Vivant*, Paris, Economica, 1996.

PERRIN, D., *L'impact des nouvelles technologies*, Paris, Les éditions de l'organisation, 1993.

PERROUX, François, *Pour une philosophie du nouveau développement*, Paris, Aubier/Unesco, 1981.

PICHON, Jean-Charles, *Histoire des mythes*, Paris, Petite bibliothèque Payot, 1971.

PLATON, *La République*, Livre X (613c-615c), Paris, Garnier-Flammarion, 1966.

POLANYI, K., *La grande transformation*, Paris, Gallimard, 1983.

POMERANZ, Kenneth, *Une grande divergence. La Chine, l'Europe et la construction de l'économie mondiale*, Paris, Albin Michel, 2010.

POMMIER, Éric, *Hans Jonas et le Principe Responsabilité*, Paris, PUF, 2012.

POMMIER, Éric, *Jonas*, Paris, Les belles, lettres, 2013.

POMMIER, Éric, *Ontologie et éthique de la responsabilité selon Hans Jonas*, Paris, Vrin, 2013.

PRADES, Jacques, *La technoscience. Les fractures des discours*, Paris, L'Harmattan, 1992.

PRIGOGINE, I. et STENGERS, I., *La Nouvelle Alliance. Métamorphose de la science*, Paris, Gallimard, 1979.

RACHET, G., et M. F., *Dictionnaire de la civilisation grecque*, Paris, Librairie Larousse, 1968.

RESWEBER, Jean-Paul (sous la direction de), *Langages et déplacements du religieux*, Paris, Éditions du CERF, 1987.

RESWEBER, Jean-Paul, *Langages et développements du religieux*, Paris, Éditions du CERF, 1987.

RESWEBER, Jean-Paul, *Le questionnement éthique*, Paris, CARISCRIPT, 1990.

RIESMAN, David, *L'abondance, à quoi bon ?,* Paris, R. Laffont, 1969.

ROBIN, Jacques, *Changer d'ère*, Paris, Seuil, 1986.

ROBINSON, John A. T., *Dieu sans Dieu*, Paris, Nouvelles éditions latines, 1964.

ROME, Adam, *The Bulldozer in the Countryside*, Cambridge University Press, 2001.

ROQUEPLO, Philippe, *Penser la technique : pour une démocratie concrète*, Paris, Éd. du Seuil, 1983.

ROQUEPLO, Philippe, *Pluies acides : menaces pour l'Europe*, Paris, Economica, 1988.

ROSNAY, Joël de, *L'homme symbiotique*. Regards sur le troisième millénaire, Paris, Seuil, 1995.

ROSNY, Éric de, *L'Afrique des guérisons*, Paris, Karthala, 1992.

ROSTOW, W. W., *Les étapes de la croissance économique*, Paris, Éditions du Seuil, 1963.

ROUSSEAU, Jean-Jacques, *Émile ou de l'éducation*, Paris, Garnier-Flammarion, 1966.

ROUSSEAU, Pierre, *Histoire des techniques*, Paris, Librairie Arthème Fayard, 1956.

RUSS, Jacqueline, *La pensée éthique contemporaine*, Paris, PUF (Que sais-je ?), 1994.

SALOMON, Jean-Jacques, *Science et Politique*, Paris, Le Seuil, 1970.

SALOMON, Jean-Jacques, *Prométhée empêtré*, Paris, Pergamon (Futuribles), 1982.

SAUVY, Alfred, *La machine et le chômage*, Paris, Dunod, 1980.

SCARDIGLI, Victor, *Les sens de la technique*, Paris, PUF (Sociologie d'aujourd'hui), 1992.

SHAPIN, Steven, *La révolution scientifique*, Paris, Flammarion, 1998.

SHELDRAKE, Rupert, *L'âme de la nature*, Paris, Éditions du Rocher, 1992.

SIMONDON, Gilbert, *L'individu et sa genèse physico-biologique*, Paris, PUF, 1964.

SIMONDON, Gilbert, *Du mode d'existence des objets techniques*, Paris, Aubier, 1969.

SMITH, Adam, *Recherches sur la nature et les causes de la richesse des nations*, Paris, Gallimard, 1976.

SPENGLER, O., *L'homme et la Technique*, Paris, Gallimard (Idées), 1958.

SPINOZA, *L'Éthique*, Paris, Éditions Gallimard, 1954.

STAMM, Anne, *Les civilisations africaines*, Paris, PUF, 1994.

STENGERS, I., *L'invention des sciences modernes*, Paris, La Découverte, 1993.

SURAT, Denis, *L'Atlantide et le règne des géants*, Paris, Éditions Denoël, 1954.

TAYLOR, Charles, *Le malaise de la modernité*, Paris, Les éditions du Cerf, 1992.

TEILHARD de CHARDIN, P., *Le phénomène humain*, Paris, France Loisirs, 1990.

TEMPELS, Placide, *La philosophie bantoue*, Paris, Présence Africaine, réédition, 2013.

TESTART, Jacques, *Le désir du gène*, Paris, Flammarion, 1994.

THUILLIER, Pierre, *La grande implosion. Rapport sur l'effondrement de l'Occident : 1999-2002*, Paris, Fayard, 1995.

TISCHNER, Joseph, *Éthique de solidarité*, Limoges, Librairie Adolphe Criterion, 1983.

TOFFLER, A., Le choc du futur, Paris, Denoël-Gonthier, 1983.

TOFFLER, A., La troisième vague, Paris, Denoël, 1983.

TOULOUSE, Gérard, Regard sur l'éthique des sciences, Paris, Hachette, 1998.

TOURAINE, A., *La société post-industrielle*, Paris, Denoël-Gonthier, 1969.

TROUDE-CHASTENET, *Lire Ellul. Introduction à l'œuvre sociopolitique de Jacques Ellul*, Presses universitaires de Bordeaux, 1992.

VAHANIAN, Gabriel, *Dieu et l'utopie. L'Église et la technique*, Paris, Les éditions du CERF, 1977.

VAHANIAN, Gabriel, *Dieu anonyme ou la peur de mots*, Paris, Desclée de Brouwer, 1989.

VAHANIAN, Gabriel, *L'utopie chrétienne*, Paris, Desclée de Brouwer, 1994.

VÉRIN, Hélène, *La gloire des ingénieurs*, Paris, A. Michel, 1993.

VIAN, Boris, *Traité de civisme*, Paris, Christian Bourgeois Éditeur, 1979.

VINCK, Dominique, *Sociologie des sciences*, Paris, Armand Colin, 1995.

WADE, Philip et FALCAUD, Didier, *Cyberplanète. Notre temps virtuel*, Paris, Autrement, 1998.

WATTE, Pierre et compagnie, *Péché collectif et responsabilité*, Bruxelles, Facultés universitaires Saint Louis, 1986.

WITKOWSKI, N., *L'état des sciences et des techniques*, Paris, La Découverte, 1991.

ZAHAN, D., *Religion, spiritualité et pensée africaines*, Paris, Payot, 1970.

Périodiques

Cahiers du Musée National d'art moderne.
Dossiers secrets de l'histoire.
Revue d'histoire moderne et contemporaine.
L'express.
Le Monde diplomatique.
Le Nouvel Observateur.
L'Histoire
Libération
National Geographical.
Natures Sciences Sociales.
Sciences et Avenir.
Sciences Humaines.

Autres sources

Conférences
Encyclopédie numérique ENCARTA
National Geogaphical Chanel (HD)
Radio France-Culture
World Wide Web

TABLE DES MATIÈRES

Sciences

aux éditions L'Harmattan

Dernières parutions

BAROMÈTRES, MACHINES PNEUMATIQUES ET THERMOMÈTRES
Chez et autour de Pascal, d'Amontons et de Réaumur
Locqueneux Robert
Cet ouvrage présente à la fois une histoire et une anthologie des travaux de quelques physiciens qui ont conçu et fabriqué des baromètres, des machines à vide et des thermomètres, instruments qui, en leur temps (XVIe et XVIIIe siècles), furent des inventions nouvelles. Les travaux de trois auteurs sont privilégiés : Pascal, Amontons et Réaumur avec une remise en contexte de leurs ouvrages, des événements qui les motivent, des travaux qui les inspirent, des questions qu'ils se posent et des phénomènes qu'ils veulent interpréter.
(Coll. Acteurs de la Science, 21.00 euros, 204 p.)
ISBN : 978-2-343-04995-3, ISBN EBOOK : 978-2-336-37182-5

MILLE ANS D'ASTRONOMIE ET DE GÉOPHYSIQUE
D'Aristote au haut Moyen Âge
De Felice Pierre
Le ciel et la terre sont observés depuis la plus haute antiquité. Ne disposant pas d'instruments de mesure appropriés, les hommes proposent des explications incluant l'action divine ou s'en affranchissant. D'Aristote (IVe siècle avant J.-C.) jusqu'à Isidore de Séville (VIe-VIIe siècles après J.-C.), les auteurs grec, latin, médiéval ont compilé et décrit les connaissances de leur temps sur les astres, les phénomènes atmosphériques et géophysiques en tentant de démythifier le monde qui les entoure. Ce livre illustre aussi le difficile processus de naissance de la connaissance.
(Coll. Acteurs de la Science, 14.00 euros, 128 p., Illustré en noir et blanc)
ISBN : 978-2-343-03816-2, ISBN EBOOK : 978-2-336-36544-2

CE MONDE QUI VIENT
Sciences, matérialisme et posthumanisme au XXIe siècle
Basquiat Jean-Paul - Préface de Paul Basquiat
Le monde qui vient sera ce que nous en ferons. Encore faut-il avoir le courage de regarder l'avenir en face. C'est à cet effort salutaire que cet opuscule invite le lecteur. Appuyé sur les recherches les plus pointues, il propose de décrypter sous tous ses aspects le monde nouveau porté par l'évolution des sciences et des techniques.
(Coll. Questions contemporaines, 10.00 euros, 66 p.)
ISBN : 978-2-343-05055-3, ISBN EBOOK : 978-2-336-36475-9

MANUEL DES PROBABILITÉS OU MATHÉMATIQUES DE L'INCERTAIN

Laloire Jean-Claude - Préface de Michel Delecroix

Ce manuel présente les aspects pratiques de l'analyse des données et les aspects théoriques des probabilités. Cela permet à la fois de comprendre les phénomènes observés, d'en déduire une prévision et ainsi de se projeter vers l'avenir avec un maximum de sécurité. Les méthodes proposées s'appliquent aussi bien aux sciences humaines qu'aux sciences biologiques et médicales et sont mises en pratique à l'aide de nombreux exercices corrigés.

(48.00 euros, 504 p.)

ISBN : 978-2-343-04627-3, ISBN EBOOK : 978-2-336-36043-0

VALEUR (LA) DE L'ESPÈCE

La biodiversité en questions

Lherminier Philippe

Philippe Lherminier est généticien; il propose de s'interroger sans faux-semblant sur la valeur de l'espèce. Que perd-on lorsqu'une espèce s'éteint ? Quelle valeur disparaît ? Il y a de multiples réponses : l'espèce vaut parce qu'elle est utile ou inutile, abondante ou rare, connue ou inconnue, ancienne ou récente, proche ou lointaine, ressemblante ou différente de l'homme, comprise ou mystérieuse.

(Coll. Acteurs de la Science, 13.50 euros, 128 p.)

ISBN : 978-2-343-04141-4, ISBN EBOOK : 978-2-336-35913-7

QUESTIONNEMENTS D'UN OCÉANOGRAPHE

Une immersion dans le monde de la recherche et les questions éthiques qu'elle soulève

Pichevin Thierry

Ce livre décrit de l'intérieur le travail de recherche en océanographie physique de Thierry Pichevin, son contexte, ses méthodes et ses enjeux procurant ainsi au lecteur une immersion dans le quotidien d'un chercheur. D'autre part, il procède à l'analyse éthique rigoureuse des questionnements rencontrés, tout en montrant que tout chercheur peut être confronté à des questionnements comparables.

(22.00 euros, 226 p.)

ISBN : 978-2-343-03444-7, ISBN EBOOK : 978-2-336-35786-7

À L'OMBRE DES FORÊTS

Usages, images et imaginaires de la forêt

Sous la direction de Philippe Billet, Claire Harpet et Jean-Philippe Pierron

Qu'est-ce qu'une forêt ? De quoi sont faites les forêts ? Nous construisons tous une image de la forêt empreinte de vécus et d'imaginaires, procédant d'une accumulation de souvenirs, de connaissances et de représentations médiatiques et institutionnelles. A l'aune d'une prise de conscience de la finitude des ressources naturelles et du changement climatique, il est fondamental de savoir ce que la «forêt» veut dire.

(Coll. Éthique, droit et développement durable, 26.00 euros, 248 p.)

ISBN : 978-2-343-02807-1, ISBN EBOOK : 978-2-336-35819-2

UN BOTANISTE AUTOUR DU MONDE
Afrique, Amérique, Australie
Delange Yves
L'auteur, botaniste, nous invite à la découverte des différents milieux naturels peu connus des Européens, notamment ceux encore peu altérés par la civilisation et caractéristiques de formations extrêmement riches sur le plan de la diversité biologique, tels que les mattorales ou hauts plateaux mexicains, le bush, le veld et le fynbos en Afrique australe, ou encore le mulga, le mallee et la jarrah forest australiens.
(Coll. Biologie, écologie, agronomie, 25.00 euros, 256 p.)
ISBN : 978-2-343-03492-8, ISBN EBOOK : 978-2-336-35415-6

VOYAGES D'UN BOTANISTE EN EURASIE
France, Scandinavie, Italie, Grèce, Japon, Inde, Cambodge
Delange Yves
L'auteur, botaniste, nous présente ici nombre d'espèces végétales, à travers ses récits de voyages, des pays du nord de l'Europe jusque dans la lointaine Asie, avec des séjours dans différents espaces méditerranéens. Il livre également de nombreuses informations recueillies au cours de rencontres avec différentes cultures, concernant les productions agricoles, l'alimentation, les traditions culinaires, mais aussi diverses spiritualités vouées aux cultes de la nature, en Inde et en Extrême-Orient.
(Coll. Biologie, écologie, agronomie, 21.50 euros, 224 p.)
ISBN : 978-2-343-03491-1, ISBN EBOOK : 978-2-336-35416-3

COELACANTHE (LE), UNE ESPÈCE ANIMALE À L'ÉPREUVE DES MÉDIAS
Barrère Florent
Le coelacanthe est l'objet de bien des fantasmes : affaire commerciale dans les îles Comores ; course au «spécimen» naturalisé dans les muséums ; étude anatomique dans le seul but de conforter l'hypothèse du «grand-père de l'Homme»... Devenu à ses dépens vedette médiatique, le coelacanthe s'extraira de ce marasme par un retour à son objet scientifique initial : dans les années quatre-vingt, le coelacanthe est enfin filmé dans son milieu naturel.
(Coll. Champs visuels, 20.00 euros, 192 p.)
ISBN : 978-2-296-99785-1, ISBN EBOOK : 978-2-296-53096-6

RÉSEAUX (LES) DE NEURONES DE LA CONSCIENCE
Approche multidisciplinaire du phénomène
Rollet Guy
Cet ouvrage vise à la compréhension de la conscience. Il apparaît que les neurosciences computationnelles apportent incontestablement des éléments décisifs. Un réseau de neurones original est conçu pour coder une conscience *stricto sensu*, capable de raisonnement et de prise de décision. Celle-ci peut être orientée par les émotions. La capacité d'agir, la composition du Soi et la verbalisation de la pensée peuvent alors être envisagées.
(Coll. Biologie, écologie, agronomie, 25.00 euros, 240 p.)
ISBN : 978-2-336-00597-3, ISBN EBOOK : 978-2-296-51375-4

SCIENCE (LA), SYMPTÔME DE L'OCCIDENT

Le «comment» des impasses de la recherche scientifique occidentale

Thiebert Lawrence

Et si les scientifiques avaient trop compliqué leur processus de démonstration ? Et si la démonstration, peu concluante, s'embourbait simplement parce qu'elle relève en vrai d'un raisonnement paralogique psychiatrique tel que celui que l'on rencontre dans le discours du paranoïaque, discours logique certes mais qui part d'un postulat faux ? Nous sous-entendons ici que cette hypothèse est fort probable.

(Coll. Pensée Africaine, 13.00 euros, 116 p.)

ISBN : 978-2-296-97025-0, ISBN EBOOK : 978-2-296-50278-9

CHERCHEURS, ÉTHIQUES ET SOCIÉTÉS

L'avenir de l'avenir

Patrice Thierry

Peu appréhendée par les décideurs, la biologie conditionnera nos sociétés, les rapports entre les hommes, entre eux et l'environnement. Le monde de la recherche est mal connu, parfois mal aimé ou craint. Il semble donc utile d'instituer un débat pour préciser les objectifs, les moyens, l'information et la vulgarisation, la propriété des résultats et l'appréhension des conséquences de la recherche en biologie.

(Coll. Ethique et pratique médicale, 31.00 euros, 298 p.)

ISBN : 978-2-296-57790-9, ISBN EBOOK : 978-2-296-50418-9

CAMILLE ARAMBOURG. UN PALÉONTOLOGUE, DE L'ALGÉRIE À L'AFRIQUE PROFONDE

Hadjouis Djillali - Préface de Yves Coppens

Depuis les plaines sahéliennes d'Oran à la Vallée de l'Omo en Éthiopie, en passant par les côtes du littoral atlantique, jusqu'au Moyen-Orient, Camille Arambourg aura fait connaître, au cours de ses recherches, non seulement les fossiles de l'Afrique mais également ceux des autres régions du monde. Ce livre retrace le parcours de cet homme qui identifia plus de 230 taxons (familles, genres, espèces) de mammifères et de poissons.

(Coll. Acteurs de la Science, 25.00 euros, 242 p.)

ISBN : 978-2-296-96391-7

SCIENCE (LA), CREUSET DE L'INHUMANITÉ

Décoloniser l'imaginaire occidental

Royer Jean-Marc

En 1610, Galilée promeut un mode de connaissance qui se veut une lecture mathématique de l'Univers. Face à lui, l'Église. Un long combat s'engage alors, lois contre lois. Un siècle et demi plus tard, tandis que naît la fabrique industrielle basée sur le charbon, les philosophes optent pour ces «lumières». Ce savoir qui voulait mettre la subjectivité à distance aura réussi au-delà de toute espérance : c'est l'être humain que la rationalité calculatrice a rendu obsolète.

(Coll. Questions contemporaines, 23.00 euros, 218 p.)

ISBN : 978-2-296-96233-0

L'HARMATTAN ITALIA
Via Degli Artisti 15; 10124 Torino
harmattan.italia@gmail.com

L'HARMATTAN HONGRIE
Könyvesbolt ; Kossuth L. u. 14-16
1053 Budapest

L'HARMATTAN KINSHASA
185, avenue Nyangwe
Commune de Lingwala
Kinshasa, R.D. Congo
(00243) 998697603 ou (00243) 999229662

L'HARMATTAN CONGO
67, av. E. P. Lumumba
Bât. – Congo Pharmacie (Bib. Nat.)
BP2874 Brazzaville
harmattan.congo@yahoo.fr

L'HARMATTAN GUINÉE
Almamya Rue KA 028, en face
du restaurant Le Cèdre
OKB agency BP 3470 Conakry
(00224) 657 20 85 08 / 664 28 91 96
harmattanguinee@yahoo.fr

L'HARMATTAN MALI
Rue 73, Porte 536, Niamakoro,
Cité Unicef, Bamako
Tél. 00 (223) 20205724 / +(223) 76378082
poudiougopaul@yahoo.fr
pp.harmattan@gmail.com

L'HARMATTAN CAMEROUN
BP 11486
Face à la SNI, immeuble Don Bosco
Yaoundé
(00237) 99 76 61 66
harmattancam@yahoo.fr

L'HARMATTAN CÔTE D'IVOIRE
Résidence Karl / cité des arts
Abidjan-Cocody 03 BP 1588 Abidjan 03
(00225) 05 77 87 31
etien_nda@yahoo.fr

L'HARMATTAN BURKINA
Penou Achille Some
Ouagadougou
(+226) 70 26 88 27

L'HARMATTAN SÉNÉGAL
10 VDN en face Mermoz, après le pont de Fann
BP 45034 Dakar Fann
33 825 98 58 / 33 860 9858
senharmattan@gmail.com / senlibraire@gmail.com
www.harmattansenegal.com

L'HARMATTAN BÉNIN
ISOR-BENIN
01 BP 359 COTONOU-RP
Quartier Gbèdjromèdé,
Rue Agbélenco, Lot 1247 I
Tél : 00 229 21 32 53 79
christian_dablaka123@yahoo.fr

Achevé d'imprimer par Corlet Numérique - 14110 Condé-sur-Noireau
N° d'Imprimeur : 132331 - Dépôt légal : octobre 2016 - *Imprimé en France*

www.ingramcontent.com/pod-product-compliance
Lightning Source LLC
LaVergne TN
LVHW011012061026
849535LV00006B/1833
* 9 7 8 2 3 4 3 1 0 2 2 1 4 *